AF342731

NOUVELLES
NOTICES ENTOMOLOGIQUES

PAR

Maurice Girard

Vice-Président de la Société entomologique de France, professeur
de physique au collége municipal Rollin, etc.

Extrait des Annales de la Société entomologique de France.

PARIS

TYPOGRAPHIE ET LITHOGRAPHIE FÉLIX MALTESTE ET Cⁱᵉ,
22, rue des Deux-Portes-Saint-Sauveur.

1866

NOUVELLES
NOTICES ENTOMOLOGIQUES

PAR

Maurice Girard

Vice-Président de la Société entomologique de France, professeur
de physique au collège municipal Rollin, etc.

Extrait des Annales de la Société entomologique de France.

PARIS

TYPOGRAPHIE ET LITHOGRAPHIE FÉLIX MALTESTE ET Cⁱᵉ,

22, rue des Deux-Portes-Saint-Sauveur.

1866

TABLE DES MATIÈRES

RECTIFICATION. Les parasites de la *Chelonia caja* adulte, p. 79, étaient des Diptères et non des Hyménoptères. Le fait principal de la note subsiste.

RECHERCHES SUR LA CHALEUR ANIMALE DES ARTICULÉS.

COMMUNICATIONS VERBALES

FAITES A LA SOCIÉTÉ

Dans ses séances des 8 Mai, 28 Juin et 23 Octobre 1861

Par M. le Professeur Maurice GIRARD.

Notre collègue (séance du 8 Mai) annonce qu'il a entrepris des expériences sur la chaleur propre des Insectes, au moyen d'un appareil thermo-électrique d'une sensibilité extrême et qui reste comparable à lui-même; que cet appareil permet d'opérer sur des Insectes pris isolément, sans aucune lésion et à l'air libre, ce qui les laisse dans des conditions normales.

Il a reconnu que la chaleur des Insectes présente de grandes variations dans le même individu, variations qui se lient sans doute à cette faculté reconnue dans les Insectes, de pouvoir suspendre leur respiration en fermant leurs stigmates. La chaleur semble disparaître quelque temps avant la mort de l'insecte et augmenter avec les mouvements ou le nombre des contractions musculaires accompagnées sans doute d'une combustion comme dans les animaux supérieurs.

Des insectes, surtout à l'état de larves ou en nymphes, peuvent n'avoir que la température ambiante et se réchauffer peu à peu par l'agitation ou par d'autres causes, et réciproquement des Insectes, soit en larves, soit adultes, plus chauds que l'espace ambiant peuvent progressivement descendre à la température extérieure, surtout s'ils s'engourdissent. Des chenilles prises au repos ont même offert cette particularité d'être un peu au-dessous de la température ambiante. La chaleur ne paraît pas dans les chenilles être localisée dans certains anneaux, mais appartenir à tous. Les chrysalides ont été trouvées à la température ambiante. Enfin, sans avoir encore toutefois un assez grand nombre d'expériences, la loi énoncée par Melloni et Nobili, que les larves de Lépidoptères dégageraient plus de chaleur que les adultes, paraît très douteuse.

Dans la séance du 18 Juin, notre collègue indique quelques-uns des résultats nouveaux de ses recherches sur la température normale des Insectes; il a pu reconnaître sur la *Triphæna fimbria*, dont il a étudié les trois états successifs, grâce à l'obligeance de MM. Fallou et Goossens, que l'adulte dégage beaucoup plus de chaleur que la chenille et que, notamment pour cet Insecte, la loi énoncée par Nobili et Melloni, pour les Lépidoptères, est complétement inexacte. Les nymphes immobiles de Lépidoptères restent habituellement à la température ambiante, une seule fois, un dégagement notable de chaleur a été constaté sur une nymphe de *Papilio Machaon*, dont la transformation venait de s'opérer et qui était encore très molle et très mobile. Au contraire, les nymphes à téguments desséchés, comme cela a lieu peu avant l'éclosion de l'adulte, ont souvent offert un abaissement de température, et ce fait singulier s'est reproduit trop fréquemment et sur trop de sujets pour qu'on puisse l'attribuer à un accident. Il ne peut s'expliquer que par l'évaporation et par la mauvaise conductibilité de la terre sèche où séjournent ces chrysalides.

Comme on pouvait s'y attendre, la nymphe d'un Locustien (Orthoptère), agile et prenant de la nourriture, a offert, au contraire, une élévation de température, comparativement au milieu extérieur.

Ce sont les Hyménoptères qui paraissent avoir, en les prenant dans leur ensemble, les plus grands excès de température, s'élevant parfois à 4° centigrades au moins au dessus de la température ambiante pour un individu isolé. Les vers à soie, si voraces, présentent de bonne heure une notable élévation de température. Elle augmente fortement pendant toute la période d'activité fébrile où s'opère la confection du cocon, et au contraire, pendant les mues où l'insecte demeure privé de nourriture et immobile, la température redevient celle de l'air ambiant. Si on rapproche ce fait de cet autre, que des Insectes, après avoir séjourné dans l'oxygène pur, ont accusé une notable élévation de température, il sera difficile de ne pas trouver dans ces expériences la preuve que, chez les Insectes comme chez les animaux supérieurs, le dégagement calorifique est en raison de l'activité de la fonction respiratoire.

Dans la séance du 23 Octobre, M. Girard fait connaître la suite des résultats de ses recherches sur le sujet qui l'occupe dans cette notice :

Le fait le plus intéressant est toujours celui de l'abaissement de la température des chrysalides au-dessous de celle de l'air ambiant. Il coïncide avec une évaporation que l'on constate par la perte de poids croissante des chrysalides à la balance de précision. Les chrysalides nues dégagent de la chaleur dans les premiers moments qui suivent la transformation, alors qu'elles sont molles et gonflées de liquide, puis peu à peu elles se refroidissent à mesure qu'elles se dessèchent.

Les chrysalides en cocon, notamment celles des vers à soie, ont toujours présenté une élévation de température au moment où on les sort du cocon, mais ensuite, laissées à l'air libre, elles perdent de leur poids par évaporation et descendent un peu au-dessous de la température ambiante. Ce fait explique l'usage du cocon, comment il s'oppose à une trop grande dessiccation de la chrysalide, qui amène un refroidissement funeste. Ce refroidissement doit être une cause de mort pour les insectes, et l'usage qu'ont certains amateurs de mouiller les chrysalides est incontestablement avantageux ; c'est aussi ce qu'on fait au reste pour prévenir la mort des fœtus d'oiseaux dans les incubations artificielles.

On doit faire remarquer que nous ne prétendons pas que la température intérieure s'abaisse au-dessous de celle de l'air ambiant. Il s'agit seulement de la température de la surface du corps; mais on peut conclure de ce fait que la chaleur propre est devenue assez faible pour ne plus pouvoir contrebalancer le froid dû à l'évaporation superficielle; les insectes adultes doivent posséder une température interne plus élevée, car jamais, dans de très nombreuses expériences, nous n'avons constaté un pareil abaissement; ils sont toujours au-dessus de la température ambiante, même dans leurs périodes de faible activité.

Ayant cherché si le sexe des insectes avait de l'influence sur leur chaleur propre, j'ai reconnu d'une manière incontestable que chez les Bombycides les mâles sont plus chauds que les femelles, et si au premier abord ce fait paraît naturel, en considérant que les mâles bien plus actifs offrent une combustion musculaire plus considérable, on aurait pu toutefois penser qu'une compensation pouvait s'établir eu égard à la masse habituellement bien plus forte des femelles. L'expérience seule pouvait décider. Les différences sont surtout très fortes sur les *Bombyx quercûs*, *liparis dispar*, etc.

Les Phryganes ont présenté un fait analogue, avec des différences moins marquées. Peut-être en est-il de même pour les Piérides (Lépidoptères). On doit au reste se garder de généraliser ces résultats.

La chaleur dégagée n'est en rapport direct avec la masse des insectes que lorsqu'il s'agit d'insectes de même espèce ou d'espèces très voisines et de même sexe, ce qui a été constaté entre autres sur des Bourdons.

Pour les insectes envisagés en général, rien de pareil ne se présente; il y a des différences spécifiques, génériques et ordinales considérables, n'ayant qu'un rapport éloigné avec la masse. Ce sont les Hyménoptères qui me paraissent les insectes développant le plus de chaleur, et parmi eux les Bourdons sans contredit, insectes très velus. Les Sphinx, les Noctuelles, les Diptères à vol puissant sont aussi doués d'une température assez élevée au-dessus de celle du milieu extérieur.

La température des larves et chenilles nues, les seules que l'appareil employé permette d'étudier convenablement, offre de grandes variations. Je l'ai toujours trouvée notablement inférieure à celle de l'adulte (ce fait joint à celui relatif aux chrysalides infirme complétement la loi énoncée par Melloni et Nobili pour les Lépidoptères), et parfois, dans des états d'engourdissement ou de somnolence de la larve, inférieure à celle de l'air ambiant. J'ai observé entre autres plusieurs larves terricoles (c'étaient des larves d'*Oryctes nasicornis*) et toujours elles ont donné du froid. Je crois qu'elles sont à la température du terreau humide dans lequel elles vivent, température que j'ai reconnue être un peu plus basse que celle de l'air ambiant, en vertu de l'évaporation.

Je n'ai fait encore que peu d'expériences sur les Articulés autres que les insectes. J'ai trouvé les Crevettes de ruisseau (Crustacés Amphipodes) et les Cloportes (Crustacés Isopodes) exactement à la température ambiante. Les Armadilles (Crustacés Isopodes) m'ont présenté un léger excès de température. J'ai constaté de la chaleur propre chez les Epéires (Arachnides) en quantité médiocre et assez variable. En outre, j'ai aussi observé sur ces Arachnides à téguments assez minces des abaissements superficiels au-dessous de la température ambiante, en même temps qu'une diminution progressive de poids.

Dans la même séance du 23 Octobre, notre collègue donne quelques-uns des résultats de ses expériences sur un *Acherontia Atropos* mâle, éclos le 12 octobre 1861 et pesant 2 gr. 696 :

L'insecte étant privé de ses ailes, dit-il, eut l'abdomen placé sur le réservoir d'un excellent thermomètre à mercure (1), et il fut maintenu par des pinces de bois non conductrices, le thermomètre disposé dans la position qui rendait *minimum* tout échauffement étranger et séparé de tout support conducteur par une couche de duvet de cygne. L'instrument de 16°,8 cent s'éleva en 8 minutes à 19°,1 et y demeura stationnaire.

L'insecte fut ensuite placé de sorte que le sternum et la tête fussent en contact avec le thermomètre, et la température, au bout de 1 minute, s'éleva à plus de 21°.

Au bout de 3 minutes l'instrument fut à 21°,5 et ne s'éleva plus pendant les 2 minutes suivantes. Ce résultat est à noter pour prendre place dans des recherches encore fort incomplètes, vu leur difficulté, sur la question de savoir si la chaleur propre est également ou inégalement distribuée chez les animaux à centres nerveux multiples.

L'insecte fut ensuite éventré avec un scalpel délicat et aussitôt un thermomètre très sensible, à réservoir cylindrique effilé, fut introduit dans le

---

(1) Ce mode d'expérimentation, qui n'est nullement le mien, mais celui de Newport, est assez grossier et offre toujours une erreur de plusieurs dixièmes de degrés. Je ne l'emploie parfois que pour de très gros insectes et comme contrôle approximatif. — G.

thorax, le corps de l'insecte n'étant pas, bien entendu, saisi entre les doigts, mais avec une pince de bois et reposant sur du duvet mauvais conducteur. Le thermomètre qui marquait 16°,3 s'éleva en 2 ou 3 secondes à 29°,3, puis redescendit rapidement, et au bout de 3 minutes ne marquait plus que 23°,4. Cette expérience montre bien combien les vivisections des anciennes observations de température des insectes, notamment de John Davy, ont dû exagérer les résultats normaux.

J'ai observé sur cet *Atropos* mâle le cri caractéristique. Dans l'état normal, il ne le produisait pas en volant, mais seulement quand je le poussais ou le piquais pour le forcer à marcher.

Après avoir été privé de ses ailes, il fit entendre plusieurs fois son cri, lorsque le thorax fut fendu, en même temps que les pattes s'agitaient par des mouvements convulsifs. Le thorax avait été fendu au sternum et au dos, et le cri se produisit près d'une minute quand je retournai à plusieurs reprises le réservoir du thermomètre dans l'axe du corps. Il ne restait d'intact que la tête et la *base* de la trompe.

On sait que les expériences de Duponchel et de Passerini laissèrent la question indécise sur le lieu et la cause du bruit. Il m'a semblé provenir uniquement de la base de la trompe, que la fente n'atteignait pas, et je le crois dû à une vibration d'air frottant contre une surface en biseau à l'instar de l'embouchure d'un tuyau sonore en bec de flûte. Ce cri n'exige pas l'intégrité de la trompe, car le docteur Lorey l'a constaté après l'ablation de celle-ci. Il n'exige pas davantage la liberté de mouvement de cette trompe. L'insecte produisit son cri plusieurs fois, après que j'eus fixé la trompe étendue sur un liége au moyen de deux fines épingles perforant chacune des deux gouttières accolées dont elle se compose. Un liquide blanchâtre sortit par les trous.

Ce cri me paraît lié à la sensibilité. Je ne l'ai observé que sur un mâle, et une femelle que je possédai vivante ne le fit pas entendre ; mais c'est là sans doute un fait accidentel, car M. Depuiset m'a dit avoir obtenu une nombreuse éclosion d'*Acherontia atropos* devant offrir des mâles et des femelles, et dont tous les insectes criaient.

Mes expériences s'accordent avec celles indiquées par M. Abicot (Ann. Soc. Entom. de Fr., 1843, t. I, 2ᵉ série ; Bull., p. iv) et destinées, selon l'auteur, à réfuter l'opinion de M. Goureau, que les épaulettes contribuent à la production de ce son en frottant contre le mésothorax. M. Abicot remarqua que, la trompe une fois coupée *à sa naissance*, il ne se produit plus aucun cri.

Sans doute l'ablation exécutée par le docteur Lorey ne portait pas aussi loin et respectait l'origine de la trompe, de sorte que le cri persistait de même que lorsque j'avais fixé la trompe et empêché son mouvement sans altérer la base. On voit comment peuvent se concilier les expériences qui paraissent au premier abord contradictoires du docteur Lorey et de M. Abicot.

Enfin (séance du 23 octobre 1861) M. Girard communique la note suivante relative aux mœurs des Abeilles :

On sait, dit-il, que les abeilles ouvrières, aussitôt qu'elles ont reconnu que la reine a été fécondée, sacrifient sans pitié tous les mâles ou faux-bourdons, et que les cadavres de ceux-ci, qui couvrent le sol autour de la ruche, annoncent aux apiculteurs que le sort de la récolte de l'année est assuré. C'est ordinairement à jours variables, de la fin de mai à la fin de juin, selon que l'année est précoce ou tardive, que s'opère ainsi la fécondation de la reine et la destruction des mâles. Le fait n'est cependant pas sans exception.

J'examinais, pendant les derniers jours de septembre, un certain nombre de ruches, au village de Chevry-Cossigny, près Brie-Comte-Robert (Seine-et-Marne), afin de rechercher les reines, alors que les insectes venaient d'être asphyxiés par l'emploi de mèches soufrées. Je n'eus pas l'occasion de rencontrer ce que je cherchais, mais je fus fort étonné de trouver dans une ruche plusieurs mâles à demi tués au milieu des abeilles par l'acide sulfureux, et qui, par conséquent, avaient dû continuer, après la fécondation de la reine, à vivre tranquillement de miel dans la ruche. Celle-ci provenait d'un essaim très tardif et considérable, formé aux premiers jours du mois d'août, et qui en six à sept semaines seulement avait rempli la ruche de gâteaux et de couvain, ce qui prouvait l'existence d'une reine fécondée et d'une postérité nombreuse.

PARIS. — Typog. FÉLIX MALTESTE et Cⁱᵉ, 22, rue des Deux-Portes-St-Sauveur.

NOTE SUR DIVERSES EXPÉRIENCES

RELATIVES A LA

FONCTION DES AILES CHEZ LES INSECTES.

Par M. le professeur Maurice GIRARD.

(Séance du 22 Janvier 1862.)

Dans un mémoire que j'ai eu l'honneur de lire à la Société, dans la séance du 12 décembre 1860, j'ai exposé d'une manière succincte la théorie du vol des animaux ailés proposée par M. Straus-Durckheim. Elle repose essentiellement sur ce fait général que les organes véritables et directs de la locomotion aérienne, d'origines diverses, doivent présenter leur maximum de résistance et d'épaisseur au bord antérieur, avec un décroissement successif jusqu'au bord postérieur. Il en résulte la progression du corps en avant, par le seul fait des abaissements et relèvements alternatifs, comme le démontrent les lois les plus élémentaires de la mécanique.

M. Straus-Durckheim n'a pas essayé de démontrer sa théorie autrement qu'en cherchant à établir par des exemples divers la généralité du fait qui lui sert de base. J'ai tenté d'obtenir une vérification plus complète par diverses expériences, qui m'ont conduit à examiner les ailes au point de vue de la fonction chez les divers ordres d'insectes. J'ai d'abord eu l'idée de changer le rapport des diverses régions de l'aile dans des ailes véritables, afin de voir si l'inégale résistance des deux bords était une condition absolue du vol. Il suffisait d'enduire les ailes par places de vernis se desséchant avec rapidité. J'ai dû rejeter les vernis à base d'alcool, d'éther ou de benzine qui auraient pu offrir sur les Insectes un effet anesthésique ou toxique. L'eau gommée ou l'empois fait avec un mélange de fécule et de gomme arabique, m'ont paru remplir le mieux les conditions voulues. Il faut les appliquer au pinceau et attendre quelques instants, jusqu'à dessiccation complète, avant de rendre la liberté à l'insecte. Au bout de quelque temps, d'autre part, l'enduit se détache, soit de lui-même, soit par le frottement des pattes. On pourrait aussi appliquer de minces bandes de papier, mais il est très difficile d'arriver exactement à l'épaisseur nécessaire et suffisante. En mettant au pinceau une mince bordure de gomme filante sur le bord inférieur des ailes de Diptères du genre *Eristalis* (*similis*, *arbustorum*, etc.), de manière à rendre l'épaisseur aussi grande qu'au bord antérieur, le vol est immédiatement aboli. On pourrait faire l'objection que le poids ajouté à l'aile est la cause de ce fait ; mais si l'on met au contraire, sur un autre insecte pareil, une égale bordure de gomme sur le bord antérieur de l'aile, ce qui ne fait qu'augmenter l'épaisseur d'une région déjà plus épaisse que les autres, on observe que le vol est encore possible, quoique fort ralenti à cause du poids. J'ai également mis des enduits de gomme aux bords inférieurs des deux paires d'ailes, toutes deux propres au vol, chez un *Agrion* (Libellulides, Névroptères) et l'insecte n'a plus volé ; il se servait seulement de ses ailes étendues comme d'un parachute, ce qui lui permettait de descendre en déviant un peu de la verticale. Le même enduit gommeux (un seul filet au pinceau), placé sur les bords antérieurs des quatre ailes d'un autre *Agrion* de même espèce, n'a pas détruit le vol, car il a eu lieu même de bas en haut, mais l'a seulement ralenti. Une double bordure de gomme (un deuxième filet superposé au premier) rendant les ailes trop pesantes, a empêché le vol de bas en haut ; l'insecte retombait, mais en tournoyant et décrivant trois ou quatre orbes avant de toucher terre. Je reprendrai des expériences analogues sur des Lépidoptères à vol puissant. J'ai à peine besoin de faire remarquer que ces expériences offrent certaines difficultés, car on n'arrive que par tâtonnement à trouver les épaisseurs convenables des enduits. Chez les *Agrions* en particulier, exemple excellent par l'identité du rôle des deux paires d'ailes, comme nous le verrons, se présente en outre cette difficulté spéciale que les ailes, se superposant, se collent ou disséminent l'enduit.

Des *Libellula vulgata*, aux ailes bordées inférieurement d'un mince filet de gomme, n'ont de même plus volé.

Il résulte du caractère essentiel des ailes véritables indiqué par M. Straus-Durckheim, que toutes les fois que les deux bords des ailes chez les Insectes offrent la même épaisseur et par suite la même résistance à l'air, on doit considérer ces organes, non comme des ailes véritables, mais comme des élytres, ou des pseudélytres, ou des hémélytres. Ce n'est pas à dire toutefois que ces organes deviennent inutiles au vol, seulement ils ne peuvent jamais suffire seuls à le produire, ce qui arrive parfois pour les ailes véritables, car nous verrons des exemples où une seule paire peut suffire à la fonction. Les élytres ou pseudélytres ont deux rôles dans le vol ; tantôt ces organes étendus et sans connexion avec la paire d'ailes servent comme parachute ou pour aider avec les pattes et les antennes à l'équilibration du corps, tantôt cette première paire, liée par une sorte d'engrenage formé de deux gouttières inversement accolées, comme cela a lieu chez beaucoup d'Acridiens, chez les Phryganes, etc., avec la seconde paire d'ailes, sert à entraîner dans ses mouvements cette seconde paire, seule véritablement propre au vol et inégalement résistante aux deux bords. On sait, en effet, que les muscles alaires qui s'attachent au mésothorax sont plus puissants que leurs analogues du métathorax. Chez beaucoup d'Orthoptères, les deux paires d'ailes, ainsi liées dans leur mouvement, semblent ne faire qu'une seule paire dans laquelle les pseudélytres, sensiblement de même consistance partout, représentent la région antérieure plus résistante, tandis que les ailes inférieures larges, plissées et membraneuses, représentent la région de résistance minimum. Cela est si vrai que, chez un certain nombre d'espèces de Phasmiens où les pseudélitres deviennent nulles ou rudimentaires, et chez certains Locustiens où les pseudélytres étroites n'engrènent plus les ailes de la seconde paire, celles-ci prennent à la partie antérieure un segment d'un tissu coriace et résistant, tout différent du reste de la membrane alaire.

On peut rattacher le système alaire des Insectes à trois types ; un premier type est constitué par des Insectes où les deux paires d'ailes sont propres au vol. Il n'existe dans sa perfection, comme nous nous en sommes assuré, que chez les Agrions ; les Libellules, les Perlides, les Hémérobes, les Myrméléons, les Ascalaphes appartiennent également à ce type, avec une prédominance plus ou moins marquée de la paire antérieure. Le second type, constitué par les Coléoptères, les Orthoptères, les Hémiptères hétéroptères offre la paire antérieure d'ailes transformée en élytres ou pseudélytres, ou en hémélytres, pouvant prêter un secours indirect à la seconde paire qui, seule offre le caractère de la résistance inégale des bords. Le troisième type, comprenant les Hyménoptères, les Lépidoptères, les Hémiptères homoptères, les Diptères, nous offre, au contraire, les ailes antérieures, incontestablement les plus importantes pour la fonction du vol, avec de nombreuses différences, comme nous le verrons, pour le rôle, toujours secondaire, des ailes inférieures.

Ces second et troisième types suivent dans la série des Insectes deux progressions inverses (1), et leur limite constitue le premier type, réalisé seulement dans une partie de l'ordre des Névroptères. Il faut remarquer que tous les passages se présentent entre ces trois types. L'ordre assez hétérogène des Névroptères, à côté du premier type, nous présente la réalisation du troisième chez les Éphémériens et même avec une plus grande exagération que dans tous les autres ordres, chez ces genres où la seconde paire d'ailes disparaît complétement (genres *Cloe*, *Cœnis*). En attribuant au caractère de l'inégale résistance des deux bords la valeur que nous croyons qu'il mérite, on arrive à ce fait qui n'a pas encore été signalé à notre connaissance, que l'ordre des Névroptères offre aussi le second type alaire, en quelque sorte à son début, chez les Phryganides et surtout dans le genre *Phryganea*, auquel appartiennent les grandes espèces. On peut s'assurer, en effet, que les ailes antérieures ont ce caractère de pseudélytres, que les deux bords sont de même épaisseur, d'égale résistance. Elles servent à guider dans leurs mouvements et à recouvrir en toit, lors du repos, les ailes inférieures, larges, minces, plissées en éventail comme chez les Orthoptères. De plus, on comprend que l'épaisseur du bord postérieur des premières ailes est en connexion naturelle avec leur fonction protectrice, car ce sont les bords postérieurs de ces ailes qui forment l'arête du toit.

De cette façon, l'ordre des Névroptères présente cette particularité d'offrir à lui seul tous les types alaires des autres ordres.

Je sais que cette manière de voir est en contradiction avec celle de la plupart des auteurs, qui rapprochent les Phryganides des Lépidoptères par les sortes de poils écailleux de leurs ailes et l'atrophie des pièces buccales chez l'adulte, analogue à celle que présentent les Bombycides; mais nous ferons remarquer que le caractère des écailles ou des poils de la membrane alaire, nous paraît moins important que celui de la fonction de l'organe, et quant à l'autre caractère, il est de valeur presque nulle, puisqu'il est négatif. Les Phryganides, au contraire, établiraient une sorte de passage avec les Orthoptères, ordre dans lequel M. de Sélys-Longchamps range une partie des Névroptères des auteurs. Rien de plus habituel en histoire naturelle, que ces déplacements de groupes suivant le plus ou moins d'importance qu'on attache à tel ou tel caractère: cela prouve seulement qu'il n'y a pas, en réalité, de classifications unilinéaires ou parallèles, que dans tous les embranchements les groupes naturels, comme M. Milne

_____

(1) Voir Straus-Durkeim, *Théologie de la nature*, Paris, Victor Masson, 1852, t. II, p. 14.

Edwards l'a si bien établi pour les Vertébrés (1), ne peuvent se représenter complétement que par des figures à trois dimensions, analogues à des constellations.

Il était naturel de faire des expériences pour établir avec plus de certitude la réalité des divers types alaires, soit en coupant les bordures postérieures moins résistantes, afin de rétrécir le champ alaire, soit en enlevant complétement l'une ou l'autre paire d'ailes. Je remarquerai d'abord que dans ce cas on ne doit jamais procéder par arrachement des ailes, parce qu'il en résulte de graves lésions aux arceaux thoraciques qui amènent une perturbation et un affaiblissement considérables chez l'Insecte. Il faut toujours couper l'aile avec des ciseaux délicats et laisser subsister un petit tronçon voisin de l'insertion, tronçon inutile au vol, mais présentant la garantie de l'absence de lésion du système axile. En outre, toutes les fois que l'aile supérieure engrène l'inférieure et qu'on veut isoler cette dernière pour étudier sa part dans la fonction du vol, il faut avoir la précaution de laisser subsister la base de l'aile supérieure et toute la portion de son bord postérieur utile à l'engrenage, afin que l'action musculaire complexe qui fait mouvoir dans ce cas l'aile inférieure subsiste dans son intégrité.

Aucun doute n'existe sur ce fait que les élytres des Coléoptères ne sont pas des organes de vol. Dans les Cétoines même, ils restent clos pendant que le vol, et même un vol assez rapide, s'opère par les vibrations des ailes membraneuses inférieures. J'ai reconnu que des *Telephorus*, privés d'élytres, ou plutôt réduits à de courts moignons élytraux, pareils à ceux que présentent naturellement les Staphyliniens, continuaient à voler, à s'élever de bas en haut, mais retombaient plus vite que ceux qui conservaient les élytres étalés.

Ce sont les Névroptères qui présentent la plus grande variété dans le système alaire et qui permettent le plus grand nombre d'expériences. Les Agrions (les expériences ont porté sur plusieurs espèces, les unes de printemps, les autres d'automne) nous offrent la représentation la plus parfaite du premier type, le cas des deux paires propres au vol avec le même degré d'énergie, et nous devons remarquer que ce sont cependant de fort médiocres voiliers. Ils volent également bien avec la paire antérieure ou avec la paire postérieure d'ailes, avec peu de différence du cas où les deux paires sont intactes. On peut remarquer que les insertions sont égales en largeur pour les deux paires d'ailes, et que la forme des ailes est

----

(1) **Ann. des Sciences nat.**, t. I, 3e série, Zoologie.

tout à fait semblable ; l'aire des ailes postérieures est seulement un peu moindre que celle des antérieures. On peut observer, en outre, que chez les Agrions, il n'y a de résistant dans l'aile que le bord antérieur même, et qu'aussitôt après elle s'amincit ; aussi ne doit-on pas s'étonner si les Agrions continuent à voler avec des ailes dont on a coupé en longueur plus de la moitié de la région postérieure, car il reste toujours ces deux bords, d'inégale résistance, nécessaires pour le vol.

Les Libellules, excellents voiliers, présentent en réalité, sous le rapport de la fonction, bien plutôt le troisième type alaire que le premier, auquel les ailes appartiennent par la forme: J'ai constaté sur plusieurs espèces de nos bois et notamment sur la *Libellula vulgata*, que le vol continue à avoir lieu lorsque ces Insectes conservent seulement la paire antérieure d'ailes et avec assez de force pour que plusieurs fois les Libellules, ainsi mutilées, aient pu disparaître au loin dans les bois, tandis que le vol n'est plus possible si elles sont réduites aux ailes postérieures seules. Or, nous remarquerons que, bien que les ailes postérieures soient très larges et prolongées par cette sorte de bordure, que M. Pictet nomme champ anal, elles présentent une insertion beaucoup plus étroite que les ailes supérieures et des muscles moteurs plus faibles; elles en sont au reste indépendantes dans leur mouvement et leur usage n'est qu'accessoire dans le vol.

Les Perlides, chez lesquelles les ailes supérieures se croisent au repos sur les inférieures, sont de faibles voiliers et les deux paires d'ailes sont nécessaires à la fonction. Il est utile, en outre, que les bords postérieurs soient maintenus intacts surtout aux ailes inférieures. Les ailes supérieures semblent compenser par la plus grande force musculaire ce qui leur manque en surface. Les expériences ont eu pour sujets de nombreux individus de la *Perla parisina*.

Le vol des Semblides est lourd et de courte durée comme celui des Perlides. Les ailes supérieures au repos recouvrent en toit les inférieures comme chez les Phryganes, elles sont amincies à leur bord postérieur, ce qui n'a pas lieu chez les Phryganes. Les ailes inférieures sont construites sur le type des supérieures, sans le plissement en éventail des Phryganes, ni le champ anal replié au repos des Perlides. Chez ces Insectes (*Semblis* ou *Sialis lutaria*), les deux paires d'ailes sont nécessaires au vol, ainsi que l'intégrité des bords membraneux postérieurs.

Les Panorpes (*Panorpa communis et germanica*) m'ont offert des faits analogues avec une puissance de vol bien plus considérable ; les deux paires d'ailes sont de même type avec prédominance des supérieures. Ces

Névroptères ne volent plus lorsqu'ils sont privés de la paire d'ailes antérieure. Ils ne peuvent que prolonger un peu la trajectoire de leur saut par
un vol très court et très affaibli lorsqu'on ne leur laisse que la paire supérieure. Le vol est aboli presque complétement, l'insecte ne pouvant plus
que raser le sol, lorsqu'on enlève les bords postérieurs des deux paires
d'ailes.

Les Ephémères (*Ephemera vulgata*) peuvent voler privées des ailes
inférieures bien plus petites que les autres, car ces Névroptères appartiennent au troisième type alaire et par la fonction et par la grandeur
relative des ailes ; seulement leur vol est plus difficile, et quoique pouvant toujours s'enlever de terre, elles s'élèvent moins haut. On comprend
que la moindre lésion de l'appareil alaire soit sensible chez d'aussi mauvais voiliers.

Si nous passons aux Phryganes que je regarde au contraire comme réa-
lisant, de la manière la plus réduite, il est vrai, le deuxième type alaire
chez les Névroptères, j'ai observé sur un grand nombre d'espèces que le
vol est impossible quand ces Insectes sont réduits à la première paire
d'ailes, et que ces ailes étendues servent alors seulement de parachute, de
manière à permettre à l'insecte de descendre selon une trajectoire oblique.
Or, c'est là un caractère essentiel des pseudélytres, mais qui n'est cependant pas démonstratif, car de véritables ailes peuvent l'offrir par insuffi-
sance de surface ou de puissance musculaire ; il faut nécessairement y
joindre l'inspection des résistances des bords. Les Phryganes ne peuvent
pas voler avec la paire inférieure seule, à cause de la faiblesse de ses muscles propres ; elle doit être maintenue engrenée par les ailes supérieures
et forme alors comme la région de résistance minimum d'une seule paire
d'ailes, dont les pseudélytres seraient la région antérieure plus résistante,
ainsi que cela a lieu chez certains Acridiens.

Chez tous les Insectes du troisième type alaire, la seconde paire d'ailes
seule est toujours impropre à remplir la fonction du vol ; mais de très
grandes différences se présentent au sujet de la première paire, organe
fondamental du vol. J'ai examiné, parmi les Hyménoptères, les Guêpes et
les Bourdons. Les premières ne peuvent pas voler avec la première paire
d'ailes seules, mais retombent en parabole très inclinée. Le bourdonnement subsiste toujours. On remarquera que ces premières ailes sont très
étroites et, en revanche, les ailes inférieures sont plus larges que chez la
plupart des autres Hyménoptères.

J'ai quelquefois vu les Bourdons voler un peu avec les ailes supérieures
seules, le plus souvent ils ne peuvent que se soutenir horizontalement pen-

dant quelques instants, puis retombent en parabole très inclinée. Leur bourdonnement demeure toujours aussi fort.

On sait que chez les Lépidoptères il existe, dans tous les groupes des anciens Crépusculaires et Nocturnes, une disposition dite *organe du frein*, au moyen de laquelle les ailes inférieures demeurent liées dans le vol aux supérieures, et que la constance de ce caractère chez les Insectes dont nous parlons (1), a pu permettre à M. Blanchard de séparer cet ordre en Achalinoptères et en Chalinoptères. On peut constater que ce sont les Lépidoptères pourvus de frein qui présentent, du moins en restant dans une certaine généralité, le vol de plus longue durée et s'effectuant avec une trajectoire rectiligne ou uni-convexe, tandis que les autres, bien que doués parfois d'un vol rapide, en ont la trajectoire plus ou moins brisée ou sinueuse. J'ai reconnu que les Lépidoptères diurnes ne peuvent pas voler avec la paire d'ailes postérieures seule, même en laissant intacte la petite portion d'aile supérieure nécessaire pour l'engrenage, tandis que (expériences sur des *Rhodocera rhamni*, *Argynnis paphia*, *Pieris napi* et *rapæ*, *Vanessa urticæ*, *Atalanta*, etc.) ces Insectes continuent, pour certaines espèces ou peut-être certains individus, à voler en tous sens avec la paire d'ailes supérieures seulement, bien que d'un vol peu prolongé, surtout de bas en haut. En expérimentant sur des Sphingides, chez lesquels l'organe du frein existe, avec une véritable hypertrophie, ainsi chez les *Sphinx convolvuli* et *ligustri*, le *Macroglossa stellatarum*, etc., je n'ai pas constaté de différence sensible dans leur vol, après l'ablation du crin destiné à maintenir et à ramener l'aile inférieure ; il se faisait avec rapidité en tous sens et avec ce bruissement léger, fort différent du bourdonnement, qu'on remarque chez ces Insectes et chez les grandes Libellules. Je dois dire que l'expérience était faite dans une chambre peu étendue et qu'il serait bon de la reprendre dans une très grande salle, de manière à observer de grandes trajectoires. Je sais que M. Lucas a aussi constaté que le frein n'est pas nécessaire pour la fonction du vol. J'ai vu depuis que ces mêmes Insectes peuvent encore voler lorsqu'ils sont réduits à la paire d'ailes antérieure seule. Le vol est seulement de moindre durée et un peu moins facile parfois de bas en haut. Un *Acherontia atropos* a volé privé de crin, mais je n'ai pu réussir, comme dans les espèces précédentes, à produire le vol lorsqu'il a été privé des ailes inférieures. Un assez grand nombre de Noctuelles à vol rapide peuvent aussi voler et s'enlever

(1) Observations sur le crin des Lépidoptères de la tribu des Crépusculaires et des Nocturnes, par M. Pocy (Ann. de la Soc. Ent. de France, 1re série, t. I, p. 91).

de bas en haut, avec les ailes supérieures seules, c'est ce que j'ai constaté sur les *Catocala nupta*, *Phlogophora meticulosa*, *Triphœna orbona*, etc. Il en est de même pour le mâle du *Liparis dispar*, le mâle et la femelle du *Bombyx processionea*, le mâle du *Bombyx quercús*. Au contraire, j'ai constaté sur les *Smerinthus populi* et *tiliæ*, que le vol n'a plus lieu après l'ablation des ailes inférieures ; ces Smérinthes ne peuvent plus que raser le sol dans une sorte de course précipitée, où le saut a autant de part que le vol. Les ailes antérieures des Smérinthes sont étroites à l'insertion, et on sait de plus que ces Insectes n'ont l'organe du frein que rudimentaire et caché dans les poils.

Les expériences faites sur les Diptères ont confirmé celles entreprises autrefois par notre honorable collègue M. Goureau, pour décider la question du rôle des balanciers sur lesquels les opinions émises par Macquart et M. Lacordaire, d'une part, et Robineau-Desvoidy, de l'autre, étaient en contradiction complète (1). J'ai constaté sur des Tipules (*Tipula oleracea*), que le vol était très affaibli, mais persistait encore un peu, même de bas en haut, après l'ablation des boutons des balanciers, dont les tiges sont très longues dans ce groupe de Diptères. Ces balanciers ne servent nullement à équilibrer le corps des Tipules pendant le vol, ce sont les longues pattes étendues qui remplissent cet usage. Ce qui prouve bien l'action directe de ces balanciers dans le vol, c'est leur vibration continuelle et rapide ; leur bouton, par persistance des impressions lumineuses sur la rétine, fait à l'œil l'effet d'une petite ligne. En prenant des Diptères à balanciers courts, comme ceux qui ont servi aux expériences de M. Goureau, des *Eristalis*, des *Volucella*, des *Syrphus*, Diptères qui se trouvent en automne, en abondance, dans les jardins, et dont le vol est très rapide et souvent stationnaire, j'ai constaté chez les premiers une diminution considérable dans le vol, après la section des tiges des balanciers ; il se produisait cependant de bas en haut ; chez les seconds insectes, son anéantissement était presque complet. La section des cueillerons, protecteurs des balanciers, n'avait pas d'influence. Je dois faire remarquer que l'affaiblissement extrème suivi bientôt de mort, observé par M. Goureau, chez les Diptères, après l'ablation des balanciers, doit tenir en partie à ce qu'il les arrachait avec des pinces, au lieu de les couper, sous la loupe, avec des ciseaux très fins, en respectant l'insertion.

Comme on le voit, de nombreuses variations particulières se présentent pour le système alaire des Insectes dans les trois types, et toujours elles

---

(1) Mémoire sur les balanciers des Diptères, par M. Goureau (Ann. de la Soc. Ent. de France, 2e série, t. I, 1843, p. 299).

sont en rapport avec l'organisation anatomique. La force ou la faiblesse d'une aile comme organe moteur, est liée à plusieurs faits distincts : à l'insertion musculaire, à l'aire membraneuse, à la force des nervures rejetées au bord antérieur (costale et sous-costale), et c'est par l'analyse de la variation indépendante de ces trois éléments qu'on peut arriver à expliquer pourquoi des ailes, analogues à la première apparence, peuvent différer dans la fonction, ou des ailes de forme différente, au contraire, concourir au vol avec la même énergie.

Les expériences d'*alisection* peuvent aussi servir à expliquer ces nombreuses variations dans le vol qui donnent, comme on sait, d'excellents caractères de tribus ou de genres, selon qu'il est rectiligne, saccadé, prolongé, intermittent, etc.

NOTE SUR L'EMPLOI DE DIVERS LIQUIDES

ET EN PARTICULIER

DU SULFURE DE CARBONE

POUR LA

CONSERVATION DES COLLECTIONS ENTOMOLOGIQUES.

Par M. le Professeur Maurice GIRARD.

(Séance du 11 Décembre 1861.)

M. Doyère a récemment proposé l'emploi du sulfure de carbone pour tuer les insectes qui attaquent, dans nos musées, les collections de tout genre et aussi, sur une échelle considérable, pour détruire les insectes xylophages, si nuisibles aux bois conservés dans les arsenaux, et qui font perdre parfois, par leurs ravages, des sommes considérables. Il faut remarquer que le sulfure de carbone produit, quand il est mêlé à l'oxygène pur, *en très petite quantité,* des explosions d'une extrême violence, faisant voler en éclats d'épais flacons de verre, et cette dangereuse expérience exige même des précautions toutes particulières pour pouvoir être répétée dans les cours publics. Si le sulfure de carbone est en plus forte proportion, l'explosion est beaucoup plus faible, mais il y a toujours combustion avec dépôt de soufre. J'ai cherché si ces effets se produisent pour les mélanges d'air et de sulfure de carbone en expérimentant dans des flacons de diverses capacités et sur des proportions variables de ce liquide, et en approchant du goulot une bougie allumée. Je n'ai pas obtenu de véritables explosions, mais toujours des combustions avec dépôt variable de soufre. L'air mêlé à de faibles traces de sulfure de carbone forme un mélange combustible qui me paraît tout aussi dangereux que celui qu'il constitue avec la vapeur d'éther.

Il y a flamme bleuâtre, se projetant au dehors du flacon, avec bruit de souffle, que je ne serais nullement surpris de voir se changer en explosion sur une masse considérable, ainsi celle qui remplit une armoire. Il reste toujours le grave danger de la flamme se propageant subitement dans toute l'étendue du mélange de gaz et de vapeur. Aussi je crois très prudent d'engager les entomologistes qui voudront employer ce liquide toxique à ne pas négliger les précautions prises au Muséum. Le nécrentome à sulfure de carbone est une armoire de bois hermétiquement close et doublée, à l'intérieur, d'une épaisse feuille de zinc. Il est placé dans un endroit isolé, et les boîtes d'insectes y sont introduites pendant le jour, sans approcher aucun corps enflammé. De plus, on a soin de laisser les boîtes exposées pendant plusieurs jours à l'air, afin de chasser complétement la dangereuse vapeur, avant de les remettre dans la collection. Il est malheureusement à craindre qu'on ne soit obligé de renouveler assez souvent cette opération, d'après le fait suivant, qui m'a été communiqué par M. Lucas : deux boîtes, contenant de la réglisse fortement attaquée par les *Anobium*, furent exposées, dans le nécrentome, au sulfure de carbone. Les larves et les adultes furent tués sur-le-champ et peut-être les nymphes, mais nullement les œufs, car l'année suivante les *Anobium* reparurent.

Je dois ajouter que le mélange du sulfure de carbone avec l'air et son introduction dans l'économie par les voies respiratoires est loin d'être sans danger. Déjà plusieurs médecins ont publié des mémoires, dont l'un d'eux, si je ne me trompe, a été l'objet d'un encouragement académique, au sujet des affections graves que l'emploi du sulfure de carbone produit sur les ouvriers qui travaillent le caoutchouc vulcanisé, lorsqu'ils opèrent dans leurs chambres ou dans des ateliers mal aérés, notamment pour la fabrication de ces petits ballons rouges qui font la joie des enfants.

Le liquide qui est le plus usité aujourd'hui pour préserver les collections entomologiques est la benzine, dont l'effet vénéneux est bien constaté. J'ai appelé autrefois l'attention sur la rigidité musculaire remarquable qui en est la suite (Ann. de la Soc. entom. de France, 1859, 3ᵉ série, t. VII, p. 172). J'ai recherché si la benzine mêlée à l'air était sans danger, et j'ai constaté qu'elle forme aussi des mélanges combustibles brûlant avec une flamme d'un jaune éclatant, avec une projection un peu moindre que celle des mélanges de sulfure de carbone. Il faut aussi une quantité un peu plus grande de benzine. Il sera bon de prendre garde à cette dangereuse propriété et de ne pas approcher de lampes ou de bougies enflammées des boîtes dans lesquelles la benzine aurait été introduite en quantité un peu forte.

D'autres carbures d'hydrogène moins volatils que les liquides précédents ne produisent pas ces mélanges combustibles avec l'air. C'est ce que j'ai constaté pour l'essence de térébenthine, l'huile de naphte, l'essence de lavande, fréquemment employée dans les collections d'oiseaux. Je crois qu'il pourra être bon de les essayer pour les collections entomologiques, afin de voir s'ils amènent au même degré la destruction des insectes nuisibles, car ils auraient l'avantage d'éviter toute chance d'incendie. Le chloroforme en vapeur constitue aussi avec l'air des mélanges non combustibles.

OBJECTIONS AUX REMARQUES PUBLIÉES PAR M. GIRARD

SUR LA CHALEUR PROPRE DES ANIMAUX ARTICULÉS,

Par M. le docteur SCHAUM.

(Séance du 12 mars 1862.)

M. Girard, en publiant ses observations sur la chaleur propre des insectes, me semble n'avoir pas connaissance d'un grand mémoire de son réputé compatriote, M. Dutrochet, sur le même objet, publié en 1840, dans le recueil le plus connu en France, les *Annales des Sciences naturelles*. M. Dutrochet s'est déjà servi d'un excellent appareil thermo-électrique, a fait ses expériences avec tout le soin nécessaire, et est arrivé à des résultats positifs auxquels M. Girard n'a rien ajouté de nouveau jusqu'ici.

J'ai fait, il y a dix ans, en compagnie d'un physicien distingué, M. Wiedemann, actuellement professeur à Bâle, beaucoup d'expériences sur le même sujet et avec un appareil très délicat ; mais comme nous n'avons eu qu'à confirmer les résultats de M. Dutrochet, nous n'avons rien publié.

Le seul résultat nouveau était que les insectes vivant dans l'eau (tels que les larves des Libellules, des Dytiscides, des Hydrophilides, etc.), n'accusaient aucune différence de température avec l'eau ambiante.

RÉPONSE AUX OBJECTIONS DE M. LE Dr SCHAUM

A PROPOS DES EXPÉRIENCES

SUR LA CHALEUR PROPRE DES ANIMAUX ARTICULÉS,

Par M. Maurice GIRARD.

(Séance du 12 mars 1862.)

La note de M. Schaum, relative à mes expériences sur la chaleur propre des animaux articulés, se compose de trois affirmations formulées de la manière la plus brève, et sans que leur auteur ait daigné ajouter aucune preuve ; à savoir : 1° que je parais ignorer les expériences de Dutrochet ; 2° que Dutrochet s'est servi d'un excellent appareil thermo-électrique, avec tout le soin nécessaire ; 3° que je ne fais connaître aucun résultat nouveau.

Si ma réponse, à la façon de M. Schaum, se bornait à trois négations, elle serait fort simple et très courte, mais elle pourrait ne pas paraître satisfaisante. Je me vois obligé d'entrer dans certains développements qui, je l'espère, épargneront à M. Schaum de nouvelles objections.

En rendant compte de mes expériences dans un résumé, je n'avais pas l'intention d'entrer dans la discussion des travaux précédents sur le même sujet ; voilà pourquoi Dutrochet n'est pas plus cité que Hausmann, Berthold, John Davy, M. Becquerel, etc. Si j'ai parlé de Nobili et Melloni, c'est que mon appareil n'est autre que le leur, disposé de façon à pouvoir opérer au contact, et non plus par rayonnement ; cette dernière méthode ne leur avait donné que des résultats très faibles, sans relation simple avec le véritable état de l'animal : ces auteurs, au reste, comme le montrent les autres parties de leur mémoire, ne cherchaient dans les insectes qu'une preuve de la sensibilité de leur pile thermo-électrique. J'ai cité Newport, parce que ses expériences, malgré les imperfections du procédé, me paraissent de beaucoup les meilleures qu'on possédât sur la question, et que sa méthode me sert de contrôle approximatif pour les gros insectes.

L'appareil de Melloni et Nobili, formé de barreaux bismuth et antimoine, est tout d'abord d'une sensibilité énormément plus grande que les aiguilles de Dutrochet, composées de cuivre et de fer, ce qui est fort important uand il s'agit d'aussi faibles sources calorifiques que celles qui m'occupent. Les aiguilles thermo-électriques ont donné de bons résultats à MM. Becquerel et Breschet (toutefois dans des expériences trop peu nombreuses), parce qu'ils s'en servaient pour des animaux vertébrés de grande masse, chez lesquels elles ne produisaient qu'une lésion insignifiante, et surtout qui possédaient une telle chaleur que les causes d'erreur dont je vais parler se trouvent annulées. Chez les insectes, au contraire, il faut remarquer que la lésion produite par l'aiguille est très grave et doit les jeter dans cet état de trouble que Melloni et Nobili, comme Newport, reprochent aux observateurs qui enfoncent de petits thermomètres à mercure dans l'intérieur du corps de ces animaux. De plus, Dutrochet, qui avait commencé par faire de nombreuses expériences sur la chaleur propre des végétaux, dans lesquels, pour rendre les résultats comparables, il enfonçait la soudure toujours à 5 millimètres, croit que la même méthode s'applique aux insectes. Il n'a pas remarqué qu'il est parfaitement déraisonnable d'assimiler des animaux, d'une organisation aussi complexe, à des tiges d'asperge, et que cette égale profondeur où il enfonce l'aiguille lui fait rencontrer les organes les plus différents, suivant la région, l'espèce, la taille du sujet mis en expérience.

Si M. Schaum veut prendre la peine de lire le résultat que j'ai obtenu pour l'abdomen et le thorax de l'*Acherontia atropos*, tant au dehors par contact qu'à l'intérieur, il verra combien la région et la profondeur atteintes peuvent avoir d'influence. En outre, Dutrochet (1) — il le dit textuellement — se condamne à n'opérer par sa méthode que sur de gros insectes : il ne peut expérimenter sur l'abeille, par exemple. Or, mon appareil avec contact donne des résultats très sensibles, même sur des Coccinelles, dont le poids varie de 0 gr. 008 à 0 gr. 011.

Dutrochet se voit immédiatement arrêté par la difficulté suivante : dans l'air libre, ses insectes enfilés à l'aiguille thermo-électrique lui donnent tantôt du chaud, tantôt du froid. Il se hâte d'attribuer cela à une évaporation superficielle, sans remarquer que son aiguille, enfoncée à 5 millimètres, c'est-à-dire en général à plus des deux tiers de l'épaisseur de ses insectes, aiguille de section assez étroite, lui donne la température de ce qui est en contact avec elle dans les parties engaînantes, et non de la surface de l'animal. Il faut, pour avoir la température de cette surface, la faire porter sur le thermomètre même par le plus grand nombre de points possibles, comme le faisait Newport et comme je le fais moi-même avec un appareil tout différent. Quoi qu'il en soit, Dutrochet, pour éviter cette évaporation, suivant lui, due au corps de l'insecte, imagine de placer l'animal sous une

(1) Ann. des Sc. Natur., Zool., 2e série, t. 13, p. 5.

cloche fermée et saturée de vapeur d'eau, c'est-à-dire dans une atmosphère peu habituelle que la nature ne réalise à l'air libre que dans les circonstances de sa plus grande humidité. Alors il obtient toujours de la chaleur, résultat assez naturel pour les parties profondes. Seulement, avant d'aller plus loin, que M. Schaum veuille bien se représenter un malheureux hanneton attaché à un bâtonnet, rendu incapable par des liens de mouvoir ses membres, avec une aiguille, énorme eu égard à sa masse, enfoncée au milieu du corps et dans une atmosphère toute spéciale, et qu'il me dise s'il trouve l'animal placé dans des circonstances naturelles ?

Je n'hésite pas à attribuer la faiblesse des indications de Dutrochet à ces mauvaises conditions expérimentales. J'opère au contraire sur des insectes isolés, libres de leurs mouvements, dans l'air ordinaire, sans vase clos, et ne subissant aucune lésion.

Il faut convenir que Dutrochet se tire par des explications assez commodes de ce fait, que ses insectes dans l'air ordinaire lui offrent tantôt du froid, tantôt du chaud. Il suppose que le *Melolontha solsticialis*, qui lui donne du chaud, transpire moins que le *vulgaris*, constitué toutefois absolument de la même manière, qui lui a offert du froid (page 48 du mémoire); il admet que le *Lucanus cervus* produit de la chaleur parce que l'épaisseur de ses téguments empêche l'évaporation, et il trouve tout naturel, à la page suivante, que les *Carabus monilis et auratus* et le *Blaps mortisaga*, insectes qui ne passent pas cependant pour avoir de minces téguments, lui donnent du froid.

M. Schaum veut-il savoir d'où venait ce froid à l'air libre qui conduit Dutrochet à de si étranges conclusions ? Tout simplement, et c'est un des motifs qui m'ont fait rejeter les aiguilles pour les expériences dans l'air, à des liquides extravasés plus ou moins, coulant sur la soudure et amenant l'évaporation la plus diverse et la plus irrégulière, avec une variation de température qui est souvent du même ordre de grandeur que la quantité à mesurer.

Je regrette que ces explications soient peut-être de nature à ébranler chez M. Schaum sa haute confiance dans l'excellence de la méthode et dans le soin avec lequel furent exécutées les expériences de Dutrochet, et je regrettre surtout que M. Schaum ait cru devoir interrompre son travail et ne pas faire connaître son appareil très délicat et ses résultats.

J'arrive enfin aux conclusions déjà acquises de mes recherches. Il en est qui me sont communes, non pas tant avec Dutrochet qu'avec Newport, dont le travail est antérieur ; à savoir : que la chaleur propre des larves est inférieure à celle des adultes ; que la chaleur propre des insectes augmente avec leurs mouvements ou leur état de veille, et diminue par le repos ou le sommeil ; enfin que, parmi les insectes pris isolément, les

Bourdons sont ceux qui, de la manière la plus constante, offrent la plus forte température superficielle (résultat de Newport). Il faut y joindre les Sphingides en mouvement.

Ce que je crois nouveau dans mes conclusions, c'est d'abord ce fait que les larves et les chrysalides ont souvent la *surface du corps* au-dessous de la température de l'air ambiant, fait dû à une évaporation superficielle, comme je le prouve par des pesées de précision pour les chrysalides, *tandis que les adultes de tous les ordres ne présentent jamais ce résultat*; cela me paraît fort différent de ce qu'annonce Dutrochet, dont les expériences se bornent presque exclusivement à des insectes parfaits. En outre, j'ai démontré l'usage du cocon pour empêcher l'évaporation et l'abaissement de température qui en résulte ; j'ai constaté dans certains groupes d'insectes l'élévation de température plus considérable des mâles que des femelles, malgré une bien plus faible masse. J'ai expérimenté sur les vers à soie, ce que n'ont fait ni Newport ni Dutrochet, à tous les états, et j'ai comparé les larves en mue ou en activité de nutrition ; j'ai étudié leur état calorifique lors de la confection du cocon, en chrysalide, sous la forme parfaite chez les deux sexes. J'ai étudié l'effet de l'immersion dans divers gaz. Mes expériences se sont étendues aux Arachnides, aux Myriapodes, aux Crustacés aériens, et portent déjà sur plusieurs centaines d'insectes de tous les ordres et à tous les états. Dutrochet, au contraire, a opéré en tout (il le dit expressément) sur quatre Hyménoptères, neuf Coléoptères dont une larve, quatre Orthoptères, trois Lépidoptères du seul groupe des Sphingides avec deux larves, et une seule chrysalide du même groupe.

Dans mes expériences, le résultat thermique est toujours accompagné d'un poids, ce qui fait complétement défaut chez Dutrochet. Or, la masse est un élément nécessaire et important de la question dans des êtres très petits, où la chaleur, en général faible, doit être influencée par la capacité calorifique du milieu ambiant et par la masse même du corps thermométrique, ce qui n'a pas lieu pour les Vertébrés supérieurs, vu surtout leur chaleur propre élevée.

Je crois que les aiguilles thermo-électriques peuvent rendre des services pour l'étude thermique des insectes aquatiques *au sein de l'eau ;* je compte m'en servir à cet effet, et je remercie M. Schaum de l'indication de ses résultats sur les larves des insectes aquatiques. Ils s'accordent avec ceux de Humboldt et Provençal pour les Poissons dans l'eau, ainsi que de Dutrochet dans le même cas, de Berthold et Dutrochet pour les Crustacés, Mollusques et Annélides, dans l'eau, bien entendu. Cela doit tenir tant à la faiblesse de la respiration branchiale qu'à la grande capacité calorifique de l'eau. Je compte examiner les insectes adultes dans l'eau, insectes à respiration aérienne.

Que M. Schaum me permette, pour terminer, de citer textuellement l'opinion de M. Becquerel sur les expériences de Dutrochet au moyen des aiguilles thermo-électriques :

« Les résultats obtenus dans les expériences précédentes sont tellement » faibles, et l'appareil donnant quelquefois des indications provenant de » causes étrangères qu'on ne peut pas toujours saisir, quand on ne connaît » pas parfaitement l'appareil, qu'il serait à désirer que les expériences » fussent répétées encore un grand nombre de fois pour être certain que » les résultats généraux dussent être admis en physiologie. » (Becquerel, *Traité de Physique*, etc., t. II, 1844, p. 87.)

Comme on le voit, M. Becquerel ne paraît accorder qu'une médiocre confiance aux expériences de Dutrochet. Il est vrai que le passage que nous venons de citer s'applique aux travaux de Dutrochet sur la chaleur des végétaux, car M. Becquerel ne mentionne aucunement le mémoire relatif à la température des insectes ; mais il faut remarquer que ces expériences ont été faites par le même observateur, avec les mêmes aiguilles, dans l'air saturé, l'une des aiguilles étant enfoncée dans un insecte vivant et l'autre dans un insecte pareil, tué par immersion dans l'eau bouillante, absolument comme lorsque Dutrochet opérait avec les végétaux.

RECHERCHES SUR LA CHALEUR ANIMALE DES ARTICULÉS [1]

COMMUNICATION FAITE A LA SOCIÉTÉ

Dans sa séance du 9 Avril 1862,

Par M. Maurice GIRARD.

Voici quelques nouveaux résultats des expériences que je continue de faire sur la chaleur propre des animaux articulés.

Les expériences pendant l'hiver ont porté principalement sur des chrysalides. Elles ont offert le plus souvent, à très peu près, la température ambiante, ou au moins un très faible excès au-dessus. Les refroidissements superficiels dus à l'évaporation ne se produisent plus pour les basses températures très voisines de 0°, résultat naturel, car on sait par les travaux de Gay-Lussac et de M. Regnault que le froid dû à l'évaporation est d'autant plus grand que la température initiale est plus élevée, et que le psychromètre cesse de marquer dès que la température ambiante parvient à + 6°. Il faut remarquer qu'il arrive souvent que, parmi plusieurs chrysalides de même espèce, de Piérides, par exemple, il y en est quelques-unes qui sont beaucoup plus chaudes que d'autres prises à côté et placées absolument dans les mêmes circonstances ; cela indique que le travail de transformation doit s'opérer par intermittences avec des périodes de repo complet, où la température redevient très sensiblement celle de l'air ambiant. Les chrysalides qui sont en cocon depuis très longtemps n'offrent plus, à beaucoup près, une aussi forte chaleur que dans les premiers temps où elles sont encore gonflées de liquides, à l'évaporation desquels le cocon s'oppose énergiquement. Quelques chenilles rases observées engourdies quand la température n'était que de 2° à 5° ne possedaient aussi qu'un très faible excès au-dessus de la température ambiante.

Quelques expériences ont été faites tant à la fin de l'automne 1861 qu'au commencement du printemps de 1862, sur des Hémiptères (Penta-

(1) Voyez les Annales 1861, pages 503 et suivantes.

tomes, Lygées), insectes sur lesquels on n'avait pas encore d'expériences de ce genre. Ces insectes offrent une élévation de température moindre que pour les Hyménoptères et les Lépidoptères. Jamais ils ne se sont trouvés, même engourdis par le froid, absolument à la température ambiante. Les *Lygées aptères*, dans de nombreux essais, ne m'ont offert que des élévations à peine sensibles, de quelques centièmes de degré; les Pentatomes sont notablement plus chaudes.

Des insectes aquatiques adultes, d'une part des Gyrins et des Dytiscides, d'autre part des Hydrocorises, mais hors de l'eau et bien secs, m'ont toujours offert une élévation de température absolument du même ordre de grandeur que celle des insectes terrestres de même masse, du même ordre et du même degré de mobilité, ce qui s'accorde parfaitement avec l'identité du mode de respiration. On sait de même que les Mammifères aquatiques, hors de l'eau, ne présentent pas une chaleur moindre que les Mammifères terrestres (résultats de J. Davy, Broussonnet, Martine, sur le Lamantin et le Marsouin).

Un Bourdon ayant succombé, au bout de plusieurs jours, à la privation d'aliments, m'a offert, comme dans les expériences de Newport sur les effets de l'abstinence, une diminution progressive de la chaleur propre en même temps qu'une diminution croissante de poids.

J'ai observé, comme dans toutes mes précédentes expériences, la chaleur en raison directe de l'activité des mouvements (Newport de même); et de plus j'ai constaté qu'elle est incomparablement plus forte quand l'agitation des membres, des ailes et du corps est le fait propre et volontaire des insectes que quand cette agitation provient de causes étrangères qui fatiguent l'animal et ne le laissent véritablement pas dans son état normal.

Grâce à l'extrême obligeance de notre collègue M. Fallou, j'ai pu confirmer sur un genre de plus cette loi que j'ai déjà indiquée pour les Bombycides, à savoir du dégagement de chaleur plus considérable chez les mâles que chez les femelles, malgré une bien moindre masse. Cela ressort complétement de la moyenne des expériences sur le mâle et la femelle de l'*Aglia tau*, cette dernière de masse cinq fois plus forte. Ce résultat, comme je l'ai déjà dit, est très loin d'être général; ainsi on ne peut tirer aucune conclusion, dans un sens ou dans l'autre, des expériences faites sur un mâle et une femelle d'une Phalénide que j'ai mis également en expérience (*B. hirtaria*).

Des Cloportes m'ont donné un dégagement faible de chaleur, de même que les Armadilles, qui sont dans des conditions vitales pareilles. Ces Crustacés respirent par des branchies, mais dans l'air; il n'y a donc rien d'étonnant à leur voir manifester un léger excès de chaleur et se rapprocher des *Articulés à sang chaud* de M. Straus-Durckheim (*Considérations générales sur l'anat. des an. articulés*, etc., Paris, 1828, p. 354), tandis que, d'après le peu d'expériences encore faites sur les Crustacés aquatiques, les auteurs leur assignent la température du milieu ambiant.

Enfin, en surmontant certaines difficultés expérimentales, j'ai pu constater un dégagement de chaleur propre chez les Myriapodes (genres Lithobie, Polydesme, Géophile, Iule). Il n'existait encore, pour les Articulés de cette classe, qu'une seule expérience de J. Davy sur un grand Iule de Ceylan, expérience d'après laquelle il avait annoncé du froid, très probablement par l'imperfection bien reconnue aujourd'hui de sa méthode (voir *Ann. de phys. et chim.*, 2ᵉ série, t. XXXIII, p. 192, 1826).

Nous ferons remarquer que les animaux de la classe des Myriapodes, longtemps réunie à la classe des insectes, respirent comme ceux-ci par des trachées, et que, bien que le type de ces Articulés les rapproche des chenilles, leur peau est coriace et doit s'opposer à une trop forte évaporation. On ne doit donc pas s'étonner de ne pas observer de refroidissement superficiel comme chez les Epeires (Arachnides) et chez des larves à peau très molle, et, si un refroidissement superficiel peut souvent être constaté chez des chrysalides, malgré un tégument assez épais, c'est que, dans les insectes à cet état, la circulation et la respiration presque suspendues ne produisent souvent pas assez de chaleur propre pour contrebalancer la tendance générale des animaux à un refroidissement superficiel par l'évaporation cutanée.

QUELQUES MOTS SUR L'ÉTUDE DES VARIATIONS

CHEZ LES INSECTES EN GÉNÉRAL

ET

EN PARTICULIER SUR LES VARIATIONS DES SATYRUS HERO ET ARCANIUS

(Lépidoptères Achalinoptères).

Par M. Maurice GIRARD.

(Séance du 12 Février 1862.)

Les entomologistes s'attachent avec raison à noter les variations qui peuvent se présenter dans les espèces, et leur importance est maintenant incontestablement reconnue en zoologie depuis qu'il est démontré que s'il y a fixité du type spécifique, les différences se présentent à un degré plus étendu qu'on ne l'admettait à l'époque de Cuvier. Il est donc important de citer, dans les descriptions, les caractères sujets à varier, et ce n'est qu'après l'étude d'un grand nombre d'individus qu'on peut, par élimination des caractères variables, arriver à reconnaître les caractères fixes, les seuls que la diagnose spécifique doit renfermer. C'est uniquement sous l'empire de cette idée de philosophie naturelle que nous croyons devoir mentionner explicitement certains détails minimes bien connus des Lépidoptéristes spéciaux, mais qui peuvent peut-être offrir un certain intérêt aux entomologistes occupés des autres ordres d'insectes, et prévenir peut-être aussi quelques erreurs chez les débutants. Le premier volume de l'*Histoire des Lépidoptères d'Europe*, rédigé par Godart, est d'ailleurs souvent incomplet dans les indications spécifiques, de sorte qu'on ne doit pas craindre, je le pense, de publier des additions descriptives aux espèces même fort communes, de façon à présenter des matériaux plus nombreux aux traités futurs de lépidoptérologie. On ne saurait trop remercier notre savant collègue M. Bellier de la Chavignerie de vouloir bien, sans négliger les études plus importantes des espèces nouvelles, augmenter souvent nos connaissances sur les espèces en apparence les mieux connues.

Le *Satyrus hero*, de même que beaucoup d'autres Satyres (*Hyperanthus, Davus, OEdipus*, etc.), présente de grandes variations dans le nombre des

5

taches ocellaires des ailes, et les variations sont bien plus fréquentes sur la face supérieure des ailes que sur la face inférieure. On peut dire que dans le type qui sera donné par les sujets les plus habituels, le mâle ne présente aucun ocelle à la face supérieure de l'aile antérieure, tandis que la face inférieure en offre le plus souvent un petit qui manque parfois ; la femelle a, au contraire, un ocelle aux deux faces de cette aile antérieure, ocelle fauve à prunelle noire, près du bord antérieur. A l'aile inférieure existent, près du bord, six ocelles en dessous bordés intérieurement d'une étroite bande blanche, et en dessus quatre ocelles fauves à prunelles, deux gros, moyens, deux petits, extrêmes. Ce sont ces quatre ocelles de la face supérieure qui offrent les plus fréquentes variations, tantôt perdant les prunelles noires, réduits tantôt à trois, tantôt aux deux moyens, parfois effacés presque complétement et même disparaissant tout à fait, de sorte que le mâle est alors unicolore en dessus. Il y a des mâles qui prennent un ocelle fauve à la face supérieure de l'aile antérieure, en général petit et sans prunelle ; j'en ai même rencontré plusieurs où il acquiert la prunelle foncée, comme dans le type habituel des femelles. La variété des mâles avec ocelle fauve sans prunelle à l'aile supérieure est au moins aussi commune que le type dans certains cantons de la forêt d'Armainvilliers. Cette localisation de certaines variétés spécifiques est un fait habituel à beaucoup d'espèces. Au contraire, on trouve des femelles chez lesquelles cet ocelle typique perd la prunelle et se réduit à un petit cercle fauve, et enfin même cet ocelle peut disparaîte par atrophie complète. Il est à l'inverse des femelles où l'on trouve à la face supérieure de l'aile antérieure un second ocelle fauve au-dessous du premier, près du bord postérieur, c'est-à-dire une hypertrophie du caractère typique. Je n'ai pas vu de sujets femelles où ce second ocelle présentât une prunelle, et aucun mâle ne m'a encore offert l'existence de cet ocelle supplémentaire.

On rencontre parfois volant avec le *Satyrus hero* un Satyre qu'on pourrait être tenté de regarder comme un hybride des *Satyrus arcanius* et *hero.* On sait que le *Satyrus arcanius* ressemble beaucoup au *S. hero*, surtout en dessous où les taches ocellaires sont en même nombre et de même disposition. Une ingénieuse remarque, incomplétement indiquée par Godart, me paraît décider la question. Chez le *Satyrus arcanius,* la bande blanche du dessous de l'aile inférieure, habituellement beaucoup plus large que chez le *S. hero*, passe toujours entre le grand ocelle du bord antérieur de cette aile et le premier et petit ocelle de la série des cinq ocelles marginaux, tandis que dans le *S. hero* jamais la bande blanche ne s'intercale entre ces ocelles. De là le moyen de spécifier exactement la variété indiquée, qu'on rencontre à Armainvilliers, à Bondy, etc. : c'est un *S. arcanius* dont la bande blanche du dessous de l'aile inférieure est devenue étroite comme chez le *S. hero,* mais passe toujours cependant entre les ocelles indiqués, comme chez le type. En outre, le dessus de l'aile supérieure a la région fauve centrale moins étendue que dans le type, et surtout d'un fauve très obscurci et non d'un fauve clair, et le pourtour foncé bien plus large et brun noirâtre, ce qui au premier aspect fait penser à un hybride des deux espèces. Le fait mentionné pour la bande blanche, et qu'on retrouve au-dessous de l'aile inférieure chez cette variété, décide la question et nous fait voir combien un détail minime peut acquérir de valeur et devenir un excellent caractère spécifique s'il est constant. Au reste, et c'est encore une raison qui s'oppose à ce que l'on admette un hybride, le *S. arcanius,* du moins à Armainvilliers, paraît environ trois semaines plus tard que le *S. hero.*

NOTE

SUR LES

LARVES D'INSECTES EMPLOYÉES COMME AMORCES POUR LA PÊCHE,

Par M. Maurice GIRARD.

(Séance du 12 Mars 1862.)

On sait qu'on fait usage à Paris, pour amorcer les hameçons destinés à la pêche dans les eaux douces, et cela depuis fort longtemps, des larves de diverses Muscides (Diptères Brachocères), connues sous le nom d'*asticots*, et parmi lesquelles dominent les larves des *Sarcophaga carnaria, Lucilia cæsar*, etc. Au reste, notre honorable collègue M. Bigot a autrefois appelé l'attention de la Société sur ce fait qu'on ne connaît pas encore exactement à combien d'espèces se rapportent ces larves. Depuis trois ou quatre ans au plus, les pêcheurs parisiens se servent comme amorces de larves d'un tout autre groupe de Diptères qu'ils nomment *vers de vase* et que ne vendent encore que quelques marchands : elles paraissent plus avidement recherchées par les petits poissons fluviatiles, gardons, ablettes, goujons, jeunes chevaines, que les précédentes. Ce sont ces larves d'un beau rouge de sang, décrites par Réaumur, et qui appartiennent à une Tipulide culiciforme, le *Chironomus plumosus* (Diptères Némocères). On a d'abord retiré ces larves des résidus des bateaux dragueurs ; on les recherche maintenant d'une manière spéciale du côté d'Asnières, où elles sont plus abondantes qu'ailleurs. On extrait à la pelle le sable qui borde le rivage et on le dispose en petits tas qu'on ouvre lorsque l'eau s'en est écoulée et où on trouve alors les larves indiquées qu'il faut conserver dans de la mousse ou du sable frais. Nous savons que depuis fort longtemps ces mêmes larves sont employées pour la pêche par les riverains de l'Yonne, ainsi qu'à Sens. Le seul inconvénient de cette excellente amorce est sa difficile conservation.

Dans beaucoup de localités différentes, on se sert, en France, pour la pêche, de larves de nombreuses espèces de Phryganes (Névroptères), qui habitent, comme on sait, dans des fourreaux formés de diverses matières, ce qui a valu à ces larves des noms vulgaires variables selon la nature habituelle des fourreaux. Ainsi, sur tout le parcours de la petite rivière d'Hyères (Seine-et-Marne), jusqu'à son confluent, à Villeneuve-Saint-Georges, les pêcheurs se servent de ces larves en mai, juin, juillet, et les nomment *porte-bois*. Elles reçoivent le même nom à Epernon (Eure-et-Loir) où on les emploie pour pêcher dans la petite rivière au-dessous du moulin alimenté par les eaux de l'étang de Guipéreux. Ces deux rivières sont très lentes, bourbeuses, chargées de débris de végétaux. Ce sont également des larves de même genre qui servent d'amorce dans l'Aveyron, pendant les mêmes mois, notamment à Saint-Jean-du-Bruel, sur le versant ouest des monts Garrigues. On les trouve collées sous les pierres dans l'eau de la petite rivière de Dourbie, et les paysans les appellent *porte-sable*. Cette rivière est rapide, limpide, à fond de sable très fin. Les larves des Phryganes offrent aussi une amorce préférée à toute autre aux pêcheurs à la ligne de Dijon et de ses environs, tant dans la rivière d'Ouche que dans les eaux du canal de Bourgogne. On les ramasse en abondance sur les deux bords de ce canal.

On emploie encore comme amorce dans beaucoup de localités les larves et les nymphes agiles de divers Locustiens qui vivent dans les prairies. On leur enlève les fortes pattes saltatrices postérieures, et on cache l'hameçon dans le large abdomen de ces insectes. Ces amorces sont excellentes pour les truites et les chevaines. Les insectes adultes sont aussi d'un bon emploi, pour la truite surtout.

On se sert de Diptères à la ligne volante, sans plomb, de sorte que le poisson s'élance sur l'insecte accroché à l'hameçon et promené à la surface de l'eau, surtout en temps orageux, de même que sur les insectes qui tombent accidentellement. On a imité ces mouches de diverses espèces, et parfois, en Angleterre surtout, avec une grande perfection. Certaines de ces mouches artificielles valent jusqu'à dix francs pièce et présentent tous les détails externes, ainsi les yeux composés globuleux simulés par des perles.

INDICATION ET DISCUSSION

D'UN

Nouveau caractère générique du genre HEMEROBIUS,

TRIBU DES MYRMÉLÉONIENS, ORDRE DES NÉVROPTÈRES

ET

DESCRIPTION DE DEUX ESPÈCES NOUVELLES DE CE GENRE

Recueillies par le R. P. Montrouzier

ET

DÉSIGNÉES PAR LUI SOUS LES NOMS DE **Chloromelas** ET **Stigma**.

Par M. le Professeur MAURICE GIRARD.

(Séance du 13 Novembre 1861.)

Il existe encore malheureusement en entomologie une grande quantité de familles d'Insectes pour lesquelles les collections publiques ou particulières sont très insuffisantes ; la difficulté de déterminer les espèces nouvelles et de leur assigner une place méthodique est encore augmentée lorsque ces espèces, ainsi qu'il arrive pour les Hémérobes, ne diffèrent entre elles que par des caractères fort peu tranchés, car alors les diagnoses généralement sans figures des auteurs peu nombreux qui se sont occupés de ces groupes négligés, laissent subsister une grande incertitude.

Burmeister sépare d'abord les *Hemerobii* de Latreille en deux groupes, l'un, comprenant le seul genre *Osmylus* qui présente des ocelles sur le vertex, et l'autre formé d'Insectes dépourvus d'ocelles. Dans ce second groupe, il établit deux genres d'après la disposition des nervures des ailes, le genre *Drepanopteryx*, fondé sur ce Névroptère si bien caractérisé qu'on rencontre en automne, mais assez rarement, dans les bois des environs de Paris, le *Drepanopteryx phalænoïdes*, et le genre *Sisyra* qui a été adopté sans contestation comme le genre précédent, car il offre ce caractère distinctif, éminemment naturel, que sa larve est aquatique, tandis que celles des autres Hémérobiens sont terrestres. Son genre

Nymphes, composé d'Insectes australiens, a été élevé par M. Blanchard au rang d'une tribu, les Nymphites.

C'est le genre *Hemerobius* qui nous offre les plus grandes divergences de classification. Leach, et après lui d'autres auteurs anglais, tels que Curtis, Evans, ont cru devoir changer son nom en celui de *Chrysopa*, d'après la couleur habituellement métallique et dorée que présentent les yeux composés quand les Insectes sont vivants. Burmeister n'a adopté ce genre qu'en partie pour les espèces les plus communes des faunes de l'Europe septentrionale et centrale, ayant une assez grande taille et les ailes transparentes, dont les yeux à éclat métallique deviennent habituellement d'un noir bleuâtre sur les sujets secs, tandis qu'il réserve le nom de *Hemcrobius* pour des espèces de petite taille, propres surtout à l'Allemagne, à ailes obscurcies par de nombreuses villosités.

Burmeister ajoute un caractère distinctif que nous n'avons pas pu vérifier par l'absence de sujets en assez bon état, à savoir les jambes postérieures fusiformes chez les espèces dont il constitue son genre *Hemerobius* restreint, tandis qu'elles sont cylindriques dans ses genres *Chrysopa*, *Drepanopteryx*, *Sisyra*. La distinction de Burmeister n'a pas été adoptée par les auteurs français, tels que MM. Rambur et Blanchard. M. Rambur, en revanche, retire du genre *Hemerobius* plusieurs genres, *Micromus*, *Mucropalpus*, fondés sur de minutieux caractères des palpes, difficiles à observer. C'est sans doute cette raison qui a porté M. Blanchard à ne conserver que le genre *Hemerobius* avec la même extension que le genre *Chrysopa* des auteurs anglais.

Nous ferons remarquer que nous croyons devoir attacher une grande importance à la disposition des nervures des ailes, qui forme évidemment le caractère le plus saillant et le plus immédiatement visible de ces Insectes. On y trouve en particulier une confirmation de détail pour une idée que j'ai émise (1), et qui m'a été suggérée par les travaux de M. Straus-Durckheim, que l'on peut observer dans l'ordre des Névroptères tous les types généraux de conformation alaire des autres ordres des Insectes. C'est dans certaines famille de cet ordre, en effet, que se rencontre le *summum* de développement du système alaire qui a suivi dans les autres ordres deux progressions inverses (2), avec prédominance tantôt de la paire d'ailes inférieures, tantôt de la paire d'ailes supérieures. Si l'on examine en particulier la nervation des ailes des Hémérobes, on y

(1) Considérations sur l'appareil alaire chez les Insectes et en particulier chez les Phryganides. — Mémoire lu à la séance de la Soc. Entom. du 12 décembre 1860. — Inédit.

(2) Straus-Durckeim, Théologie de la nature, 1852, Victor Masson, t. II, p. 14.

retrouve les caractères généraux de celle des Hyménoptères et surtout de celle des Diptères. Ce sont les mêmes grandes nervures dans le sens du grand axe de l'ellipse alaire avec des cellules plus nombreuses déterminées par des nervules intermédiaires. Aussi les auteurs ont dû adopter les mêmes noms. On sait que les nervures principales ou longitudinales des Hyménoptères sont la *costale*, la *sous-costale*, la *médiane*, la *sous-médiane* et l'*anale* : on les retrouve chez les Diptères (genre *Culex*, *Tabanus*, etc.), où parfois s'en joint une sixième que Macquart nomme *axillaire* (c'est la *sous-anale* pour Jacquelin du Val).

M. Lacordaire fait remarquer que la nervure qu'il nomme costale dans les Hyménoptères et qui est, dit-il, la plus voisine du bord supérieur (il est plus exact de dire qui forme ce bord, de même que chez les Diptères, les Hémérobes, etc.), est le *radius* de Jurine, et qu'au-dessous en est une autre qui en est constamment très voisine chez ces Insectes et la longe parallèlement : c'est la sous-costale qui correspond au *cubitus* de Jurine (1).

Jacquelin du Val, dans la remarquable introduction qui précède son *Genera des Coléopt. d'Europe* (Deyrolle, 1857, t. I, p. LXXXVIII), établit avec beaucoup de sagacité l'unité de plan des ailes dans tous les Insectes. Des Hyménoptères et des Diptères, où cette unité est incontestable, l'auteur fait voir que c'est à tort que M. Lacordaire n'a pas su la reconnaître dans les Névroptères, où elle existe non-seulement dans les Hémérobes, comme je viens de l'indiquer, mais même dans les Libellulides. Enfin Jacquelin du Val démontre, par une heureuse analyse, que la conformation générale des nervures se retrouve non-seulement dans les ailes précédentes propres au vol, mais encore dans les hémélytres et pseudélytres d'autres ordres, et même dans les élytres des Coléoptères où la transformation est la plus profonde.

Nous devons faire remarquer combien cette idée est d'une bonne philosophie naturelle. Ces grandes homologies, dont le créateur est E. Geoffroy Saint-Hilaire, ont été appliquées par Savigny à l'assimilation des pièces buccales des Insectes broyeurs et suceurs, par M. Milne Edwards à la bouche des Crustacés. Depuis, cet éminent zoologiste a exprimé, par des mots heureusement choisis, dont les terminaisons seules changent, l'homologie des appendices des arceaux inférieurs des segments, et M. Lacaze-Duthiers, enfin, a cherché à étendre ces principes, en rencontrant toutefois de très grandes difficultés, par suite des réductions, aux armures génitales. Nous ne devons donc pas craindre d'essayer de retrouver des homologies dans les ailes ou appendices des arceaux dorsaux du mésothorax et du métathorax.

(1) Lacordaire, Introduction à l'Entom., t. I, p. 365.

Pour éviter les confusions et bien préciser tous nos termes, nous ajouterons que M. Lacordaire nomme *nervures* les tubes de chitine contenant une trachée ou vaisseaux aérien qui partent de la base de l'aile, et *nervules* ceux qui ne partent pas de la base mais naissent, par embranchement, des nervures. Elles sont, les unes comme les autres, longitudinales si elles vont dans la direction de la base au sommet, et transversales si elles coupent les précédentes sous un angle plus ou moins ouvert (1). Il est intéressant de remarquer de plus que les auteurs français (Lepelletier Saint-Fargeau, Lacordaire, Jacquelin du Val, etc.) distinguent parmi les nervules deux principales, que l'on retrouve dans les ailes chez divers ordres d'Insectes, à savoir la *radiale*, qui part de l'extrémité de la sous-costale en se dirigeant vers le sommet de l'aile, et qui est pour Burmeister le *radius*, qu'il faut bien se garder dès lors de confondre avec celui de Jurine, et la *cubitale*, naissant également de la sous-costale, un peu au-dessous de la précédente, ou bien d'une nervule récurrente qui va de la sous-costale à la médiane : Burmeister la nomme le *cubitus*, bien distinct encore de celui de Jurine. Pour en finir avec ces détails de synonymie anatomique, si nécessaires pourtant à rappeler si l'on veut éviter la confusion, nous dirons que Lepelletier Saint-Fargeau nomme *radius inférieur* ou simplement *radius* (2) la nervule radiale, et *cubitus inférieur* ou simplement *cubitus* la nervule cubitale. Il adopte les mots de Jurine pour les deux nervures antérieures principales, et ne s'explique pas sur les autres nervures. Il cite seulement Jurine qui désigne ces autres nervures par la simple épithète générale de *transversales* avec des nervures intermédiaires dites *récurrentes*.

Dans les Névroptères qui nous occupent, M. Rambur, dont nous suivrons la nomenclature, conserve les noms de *nervure costale* à celle qui circonscrit le bord costal de l'aile, et de *sous-costale* à la nervure d'après, habituellement la plus forte, parallèle au grand diamètre de l'aile. Quant aux suivantes, plus variables, moins faciles à assimiler avec celles des Hyménoptères et Diptères, il les désigne par leurs numéros d'ordre, la 3e, la 4e, etc. Il faut remarquer d'abord que l'aile inférieure répète exactement la nervation de la supérieure avec une réduction bien moins prononcée que chez les Hyménoptères, car l'aile inférieure est seulement chez les Hémérobes un peu moindre que la supérieure.

M. Rambur a signalé dans un certain nombre d'Hémérobes que les ailes présentent à l'angle apical, à la terminaison de l'espace costal compris entre les nervures costale et sous-costale, une tache plus ou moins colo-

(1) Lacordaire, op. cit., p. 367.
(2) Hist. Nat. des Hyménoptères, t. I, p. 54.

rée, qu'il nomme *tache ptérostigmale*, car il a soin de remarquer qu'elle est toujours confuse, mal limitée, et n'a jamais la netteté du *ptérostigma* des Libellulides. Si on examine cette tache ptérostigmale, si visible à l'œil dans les *Hemerobius perla*, *prasinus*, *albus*, *Chrysopa abbreviata* (Curtis, Evans), etc., sous un grossissement un peu considérable elle semble disparaître par transparence, et on reconnaît que c'est à peine si la membrane alaire est plus colorée en cet endroit qu'ailleurs. L'apparence ptérostitigmale est due surtout à l'accumulation et au rapprochement des petites villosités qu'offrent toujours les nervures et les nervules des ailes des Hémérobes.

C'est également en observant les nervures avec les plus forts grossissements du microscope simple qu'on peut remarquer que la nervure souscostale, qui semble unique au premier abord, est en réalité double, comme cela a lieu chez beaucoup de Diptères. Dans les *Hemerobius perla*, *prasinus*, *chrysopa*, *stigmaticus* (Rambur), elle est double dans toute sa longueur, de la base à l'extrémité de l'aile, avec tendance à un rapprochement plus ou moins prononcé vers le milieu ; dans l'*Hemerobius albus* (L.) ou *proximus* (Rambur), les deux arcs de cette nervure sont presque tangents au milieu. Je ne crois pas que ce caractère, auquel on ne saurait au moins refuser l'importance de pouvoir aider parfois à séparer certaines espèces, ait été signalé par les auteurs spécialement pour le genre *Hemerobius* : c'est ce que je vais chercher à établir par une discussion des textes des principaux entomologistes qui ont traité des Hémérobes.

Les anciens auteurs étaient des plus brefs dans leurs descriptions anatomiques, on voit que l'importance de la réticulation alaire n'existait pas encore pour eux. Ainsi Olivier, à l'article Hémérobe, dit seulement, p. 50 : « Quatre ailes nues, membraneuses, veinées, » et, p. 51 : « elles sont garnies d'un très grand nombre de nervures tant longitudinales que transversales, qui semblent se croiser comme le réseau d'un filet, et forment un très joli travail. » (1). Latreille s'énonce ainsi au sujet des Hémérobes : « Leurs ailes, qui sont fort grandes, ont la finesse et la transparence de la gaze ; elles forment une espèce de toit sur le corps de l'Insecte qu'on distingue à travers leur réseau » (2). Les descriptions de Burmeister sont beaucoup plus longues, mais on verra que la duplicité de la nervure souscostale n'a pas été soupçonnée par cet auteur. Pour son genre *Hemerobius* restreint, il s'exprime ainsi au sujet des ailes (3) : « Les ailes à longs poils ; le radius et la sub-costale ne s'unissent pas, ils restent ou séparés jusqu'à

(1) Encycl. Méth., t. 7, 1792.
(2) Latreille, Hist. Natur. des Crustacés et des Insectes, an XIII, t. XIII, p. 32.
(3) Burmeister, Handb. der Entom. Berlin, 1835, t. II, p. 973.

leur bord, ou sont unis par un vaisseau transversal. De la partie interne
du radius prennent naissance plusieurs secteurs (3-4), qui présentent en
partie la forme furculaire, etc. » Un peu plus loin l'entomologiste allemand trouve des caractères dans la réticulation des ailes pour séparer son
genre *Chrysopa* du genre *Hemerobius*, mais toujours sans mentionner les
deux rameaux très voisins que forme la sous-costale. Il dit (1) : « Le
genre *Chrysopa* a une très grande ressemblance avec les Hémérobes. Les
ailes fournissent le caractère distinctif principal, car le réseau est formé
sur un tout autre type. La sub-costale ne s'unit pas avec le radius, et dans
le champ entre la costale et la sub-costale sont seulement des nervures
simples. » Il ajoute, dans un texte des plus obscurs : « Le radius prend
son origine comme une branche simple du cubitus qui n'est pas branchu,
et envoie toujours seulement deux secteurs qui ne sont pas non plus di-
visés ; ils courent parallèlement tantôt plus en dessous, tantôt plus en
arrière du cubitus. Entre ces quatre nervures longitudinales sont de nombreuses et un peu obliques nervures transversales, et celles de ces nervures qui sont au milieu de l'aile, entre les deux secteurs, forment un
ou deux rangs de cellules scalariformes. Jamais je n'ai trouvé aucune
tache dans les ailes, bien que les nervures soient colorées. »

Burmeister ne fait pas allusion ici aux taches ptérostigmales de position
fixe, mais aux autres macules alaires ; on ne connaissait pas encore à
cette époque les *Hemerobius stigmaticus* (Rambur), *trimaculatus* (Girard)
et d'autres qui font exception sous ce rapport.

M. Rambur, qui a dû cependant examiner les Hémérobides sous d'assez
forts grossissements pour reconnaître les minutieux caractères des palpes
sur lesquels il a établi plusieurs genres, ne me paraît pas avoir constaté
la duplicité de la nervure sous-costale. Il donne seulement ce qui suit à
propos des ailes dans la diagnose de son genre *Hemerobius* (2) : « Ailes à
nervures peu nombreuses, mais ayant des nervules nombreuses, disposées
par rangées longitudinales ; transparentes, luisantes ou couleur de perle,
rarement tachées ; leur réseau cilié. » Les diagnoses sont tout aussi vagues
et insuffisantes pour ce qui regarde les ailes dans ses genres *Sisyra* et
Mucropalpus. Ainsi pour ce dernier (3) : « Ailes antérieures ayant des
nervures assez nombreuses, avec deux ou trois lignes de nervules trans-
verses, espace costal assez large, non dilaté à la base ; ailes inférieures
ayant presque autant de nervures. » Les diagnoses des ailes sont plus longues et beaucoup plus caractéristiques, quoique manquant un peu de clarté,

(1) Op. cit., p. 976.
(2) Rambur, Hist. Natur. des Insectes Névroptères, p. 423.
(3) Op. cit., p. 420.

pour les espèces de ses genres *Megalomus* (*Drepanopteryx* des auteurs) et *Micromus*. Pour ce dernier genre, réuni habituellement au genre *Hemerobius*, il est écrit (1) : « Ailes comme chez les *Mucropalpus*, l'espace costal large mais fortement rétréci ou échancré à la base ; toujours sans rien de spécial pour la nervure sous-costale ».

M. Blanchard, dans un ouvrage beaucoup plus abrégé (2), dit seulement pour les Hémérobes : « Ailes grandes, presque égales, très réticulées.»

Le dessinateur, en figurant l'*Hemerobius chrysops* (pl. 3, fig. 8), marque bien aux deux paires d'ailes la sous-costale par deux traits parallèles, mais cela peut aussi bien indiquer une nervure unique plus épaisse que les autres, qu'une nervure double composée de deux tubes.

On ne doit pas regarder ce caractère comme véritablement indiqué dans les figures amplifiées, mais très grossières, du mémoire d'Evans sur le genre *Chrysopa* (3). La sous-costale est marquée par deux traits parallèles équidistants partout, aussi bien aux ailes inférieures qu'aux supérieures ; mais il est facile de voir que l'artiste n'a fait que reproduire, en l'exagérant, le caractère qui frappe à première vue quand on examine les Hémérobes à l'œil nu. Il n'y a là nullement l'indication de deux tuyaux ou vaisseaux distincts, voisins l'un de l'autre et plus ou moins rapprochés selon les régions de l'aile et selon les espèces. Le texte d'Evans, fort court du reste, ne fait aucune mention de cette duplicité de la nervure sous-costale.

On n'en trouve également aucune indication dans les caractéristiques abrégées que donnent du genre Hémérobe les articles des dictionnaires d'histoire naturelle dirigés par MM. Guérin-Méneville et d'Orbigny.

Il est à regretter que M. Pictet, à qui la paléontologie me semble avoir fait négliger quelque peu l'entomologie, n'ait publié de son ouvrage général sur les Névroptères que les Phryganides, les Éphémérines et les Perlides, car on ne peut rien désirer de meilleur que les descriptions et les figures de ces deux dernières familles.

On peut s'expliquer, au reste, comment la duplicité de la nervure sous-costale, qui offre un rapprochement incontestable entre l'aile des Hémérobes et celle de la plupart des Diptères et des Lépidoptères, a pu échapper à beaucoup d'observateurs. Les deux vaisseaux de la sous-costale ne sont pas dans le même plan que le reste de l'aile qui présente entre eux un plissement longitunal, de sorte qu'en regardant l'Insecte par-dessus, à

(1) Op. cit., p. 416.
(2) Blanchard, Hist. Nat. des Anim. Articulés, t. III, 1840, p. 68.
(3) Trans. Soc. Entom. of London, 1re série, t. V, p. 78, pl. IX et X.

la manière dont on examine habituellement les Insectes dans les collections, l'une des nervures occulte plus ou moins complétement l'autre, ce qui donne l'apparence d'une seule nervure plus épaisse que les autres. Il faut incliner l'Insecte et le renverser de manière à placer le plan des deux tubes de la sous-costale à peu près normal au rayon visuel ; on voit alors parfaitement la duplicité de cette nervure et le rapprochement des deux vaisseaux variable d'une espèce à l'autre. Pour m'assurer complétement du fait, j'ai coupé entre le milieu et la base une aile supérieure de l'*Hemerobius albus*, la plus grande espèce des environs de Paris, de sorte que la section fût à peu près parallèle à la base de l'aile, et j'ai parfaitement pu voir, sous le fort grossissement d'une loupe Stanhope, les deux tubes béants de la sous-costale projetés selon deux cercles très voisins, séparés par la largeur de l'espace intercostal d'un troisième cercle représentant la section droite de la costale.

La duplicité de la sous-costale est un caractère très général qu'on retrouve chez beaucoup d'Insectes d'ordres différents, mais rarement sur une aussi grande étendue que chez les Hémérobes. Jacquelin du Val constate ce caractère sur les Libellulides, les Hémiptères, les Acridiens (voir Introd. au *Genera*, p. xciv, xcv, xcvi).

Chez les Myrméléons, en particulier chez le *Myrmeleo formicarius*, la sous-costale est double dès la base ; les deux vaisseaux dont elle est formée sont très gros et très colorés, mais semblent une nervure unique, car ils restent toujours très rapprochés et se croisent par une sorte de chevauchement vers le milieu de l'aile.

Dans le genre *Palpares* (*Palpares libelluloïdes*, et une autre espèce, toutes deux rapportées de Perpignan par M. Fallou), la sous-costale est double et très nettement, sans qu'il soit besoin de loupe, depuis la base de l'aile jusqu'aux trois quarts de celle-ci, puis devient simple, et enfin ne se distingue plus des nervules bifides qui terminent l'aile. A l'aile inférieure, la disposition est identique. M. Blanchard ne sépare pas ce genre, formé par M. Rambur, du genre *Myrmeleo*.

Les Ascalaphes présentent la séparation en deux moitiés de la sous-costale dans toute sa longueur, avec un bien plus notable écartement des deux tubes vers le sommet de l'aile, suivi d'un rapprochement avec inflexion ; ces nervures prennent aussi, à peu près à partir du milieu de l'aile, une forte coloration brune. Le genre *Drepanopteryx* m'a offert, dans l'espèce *Drepanopteryx phalænoïdes*, une sous-costale formée de deux tubes d'abord très voisins à la base de l'aile, puis brusquement espacés, puis se rapprochant et s'atténuant peu à peu quand cette nervure arrive vers le sommet de l'aile. Dans le genre *Osmylus* (*Osmylus maculatus*,

Fabr.), la sous-costale est double dans toute sa longueur, avec les deux vaisseaux fortement écartés vers la base de l'aile.

Chez les Panorpiens, dans les espèces *Panorpa communis* et *germanica*, la sous-costale noire présente d'abord ses deux tubes soudés jusqu'au premier tiers de l'aile, puis une bifurcation qui produit une cellule médiastine très large. Une bifurcation analogue, mais sur une moindre étendue, se remarque à la nervure sous-costale des deux paires d'ailes des Névroptères du genre *Perla*; dans le genre *Ephemera*, la nervule sous-costale très épaisse est dédoublée dans toute la longueur de l'aile supérieure, et l'on peut constater à la base de l'intervalle, dans l'*Ephemera vulgata*, une nervule transverse très épaisse, suivie d'une série d'autres nervules.

Le point sur lequel j'appelle l'attention au sujet de la sous-costale dans le genre *Hemerobius* est d'abord le degré variable de rapprochement des deux tubes et surtout une particularité que présente chez la plupart des Hémérobes la *cellule médiastine*, en donnant ce nom, d'après Macquart, à l'intervalle compris entre les deux rameaux de la sous-costale double, quoique ce ne soit pas une véritable cellule, puisqu'elle n'est pas fermée.

On rencontre vers la base de l'aile une nervule que je propose d'appeler *intercurrente* et qui se trouve intercalée dans la cellule médiastine entre les deux vaisseaux de la sous-costale. Cette nervule existe chez la plus grande partie des espèces du genre *Hemerobius*, diversement inclinée, toujours fortement colorée, parfois couverte d'une tache qui la déborde ou même remplacée par cette tache; de telle sorte que la disposition exacte de cette nervule fournit de bons caractères spécifiques. De plus j'ai trouvé des Hémérobes chez lesquelles manque cette nervule intercurrente, et elles présentent un ensemble d'autres caractères qui les sépare des précédentes. Je vais indiquer rapidement ce que m'ont offert les diverses espèces d'Hémérobes que j'ai pu examiner sous le rapport de la duplicité de la sous-costale et sous le rapport de la nervule intercurrente. Chez les *Hemerobius prasinus* et *chrysops*, la nervule intercurrente est sensiblement à angle droit sur les deux moitiés de la sous-costale, elle existe plus inclinée dans les *Hemerobius perla* et *albus*. L'*Hemerobius lateralis* (Olivier, op. cit., p. 61) ou *italicus* (Rossi), présente la sous-costale double dans toute son étendue sans rapprochement sensible des deux moitiés avec la nervule intercurrente forte et brune.

L'*Hemerobius irideus* (Olivier, op. cit., p. 59), rapportée de Surinam par Leschenault, offre la sous-costale double, la nervule intercurrente noire très rapprochée de la base de l'aile, sensiblement rectangulaire et voisine de deux macules. Dans l'*Hemerobius stigmaticus* (Rambur), où la sous-costale, comme nous l'avons dit précédemment, est double avec parallélisme dans toute sa longueur, la nervule intercurrente est remplacée par une tache brune. L'*Hemerobius trimaculatus* (Girard), de Sumatra, a les deux tuyaux de la sous-costale soudés à la base de l'aile, puis ils se séparent, restent toujours peu distants et enfin se soudent de nouveau vers le sommet de l'aile, un peu avant la tache ptérostigmale. La nervule intercurrente existe près de la base de l'aile, très inclinée sur les vaisseaux de la sous-costale et fortifiée d'une macule brune. Il faut un fort grossissement pour faire cette vérification.

Cet *Hemerobius* à ailes tachées est donc tout à fait du type de nos espèces européennes. Dans une grande espèce d'*Hemerobius* du Brésil, province de Las Minas Geraes (Coll. Mus.), j'ai obervé la sous-costale double avec équidistance des deux tubes dans toute la longueur de l'aile et vers la base la nervule intercurrente noire, presque à angle droit. La sous-costale est pareillement double dans toute sa longueur avec la nervule intercurrente dans une grande espèce à ailes velues rapportée de Philadelphie par M. Milbert (Coll. Mus.). Une grande espèce du Sénégal à longues antennes, donnée par M. Guérin (même coll.), a les deux moitiés de la sous-costale plus écartées vers la base de l'aile que vers le sommet et la nervule intercurrente très forte. Deux espèces américaines, trois espèces d'Asie également inédites présentent la même duplicité de la sous-costale. Elles offrent toutes la nervule intercurrente à l'aile supérieure et généralement à angle droit.

Rien n'est donc plus général que la duplicité de la sous-costale. On la retrouve dans les petites espèces à ailes velues dont Burmeister forme son genre *Hemerobius* restreint. J'ai constaté la sous-costale double avec les deux moitiés bien parallèles dans les *Hemerobius variegatus* (Fabric., Burm., op. cit., p. 974) ou *pallipes* (Olivier, op. cit., p. 62), *crispus* (Panzer), *hirtus* (Fabric., Olivier, op. cit.; Burm., op. cit., p. 975), *nitidulus* (Fabric., Oliv., op. cit., p. 64). La duplicité de la sous-costale est fort difficile à discerner dans cette espèce, parce que les nervures et nervules longitudinales sont toutes très serrées et voisines du parallélisme. Enfin la duplicité avec parallélisme existe dans les *Hemerobius lutescens* (Fabric., Burm., op. cit., p. 974, genre *Mucropalpus* de Rambur) et *micans* (Olivier, op. cit., p. 63). J'ai constaté avec une très forte lentille la nervule intercurrente à la base de la cellule médiastine de l'aile supérieure de *H. hirtus* ; elle existe sans doute dans les autres petites espèces analogues.

Les ailes inférieures, chez les Hémérobes, répètent les ailes supérieures avec une légère réduction. On y retrouve la duplicité de la sous-costale. Ainsi l'*Hemerobius chrysops* présente à l'aile inférieure un rapprochement

vers le milieu des deux moitiés de la sous-costale comme à l'aile supérieure, mais sans nervule intercurrente; l'aile inférieure de l'*Hemerobius
albus* offre la sous-costale double avec les deux tubes soudés à la base,
très rapprochés vers le milieu, sans nervule intercurrente. Les *Hemerobius
perla* et *prasinus* ont pareillement la sous-costale de l'aile inférieure double,
et la nervule intercurrente manque également. Chez l'*Hemerobius trimaculatus* l'aile inférieure a la sous-costale double, les deux vaisseaux se séparent près de la base, puis restent tangents dans la plus grande partie
de l'aile pour se séparer de nouveau au sommet. Il n'y a pas de nervule
intercurrente. De même les *Hemerobius italicus*, *iridœus* et diverses des
espèces inédites citées, ont la sous-costale double à l'aile inférieure, toujours sans nervule intercurrente. Je pense qu'on peut donner comme
caractère général des Hémérobes l'absence de cette nervule à l'aile
inférieure.

La nervule intercurrente existe dans le genre *Osmylus*, dans la partie
très élargie de la cellule médiastine vers la base de l'aile : cette nervule
y est assez inclinée, épaisse, noirâtre. La nervule intercurrente manque
dans les genres *Myrmeleo*, *Palpares*, *Ascalaphus*, *Drepanopteryx*, *Panorpa*
et *Perla*.

La collection du Muséum nous a été d'un très grand secours pour nos
déterminations, et nous ne saurions trop témoigner de reconnaissance
pour la bienveillance avec laquelle M. Milne-Edwards, et maintenant
M. Blanchard, en permettent la communication, et l'obligeance si connue
de MM. les aides-naturalistes et préparateurs du laboratoire d'entomologie.

HEMEROBIUS CHLOROMELAS (Montrouzier).

*Diagnosis : Corpore fusco-flavicante, nigro-maculato; oculis testaceo-
nitidis; antennis elongatis, crassis, flavicantibus, articulo basilari inflato;
prothorace crasso, longitudinaliter depresso; alis hyalinis, roseo-viola-
ceis, nervuris fuscis, sub-costali incrassatâ, maculis pterostigmalibus
fusco-flavicantibus,*

Habitat Lifu, in Novâ-Caledoniâ. — Long. 11 millim., envergure,
39 millim.

Cet insecte appartient incontestablement au genre *Hemerobius*, défin
comme l'entendent la majorité des auteurs français, et au genre *Chrysopa*,
comme le comprend Burmeister. Il présente une seule nervure de chaque
aile prédominante au premier aspect ar sa force, la sous-costale, et ave

plus de netteté même que dans nos espèces de France de type analogue, ainsi les *Hemerobius perla, prasinus, albus* (Linn.) ou *proximus* (Rambur), *chrysops* (*Chrysopa reticulata* de Burmeister), dans la *Chrysopa abbreviata* de Curtis et Evans, etc.

Les Hémérobes de ce type de réticulation sont répandues dans tous les pays; c'est également dans le même groupe, sous-genre peut-être, qu'il faut rapporter notre *Hemerobius trimaculatus*, de Sumatra (1). Le corps est en entier d'un jaune brunâtre entremêlé de maculatures noires; toutes les nervures des ailes sont brunes, et plus accusées que chez les Hémérobes de France. Les antennes sont d'un jaune brunâtre, épaisses, assez longues comparativement à leur dimension dans les espèces analogues déjà citées, puisque leur longueur est presque égale à celle de l'aile antérieure (aile 19 millim., antennes 17,5). Elles ont, de même que les *Hemerobius proximus, prasinus,* etc., un article basilaire très dilaté et renflé surtout du côté interne; puis viennent une série d'articles égaux, cylindriques, entremêlés de poils très courts et dont le diamètre diminue à peine de la base à l'extrémité. Les yeux sont volumineux, proéminents et d'un jaune testacé brillant sur l'individu sec, qui tranche avec le jaune fauve du vertex et de la base des antennes et le jaune brunâtre du thorax. Cette couleur des yeux constitue une différence intéressante d'avec celle des espèces européennes citées, où les yeux, d'un éclat métallique, habituellement doré, pendant la vie, deviennent d'un noir bleuâtre par dessiccation. Les pattes et les palpes sont uniformément d'un jaune terreux brunâtre. Le thorax est très large, et la tête s'y insère sur une sorte de cou ou prothorax également large et déprimé longitudinalement. Les ailes supérieures offrent entre les nervures costale et sous-costale des nervules qui coupent les précédentes presque à angle droit comme cela a lieu dans les autres Hémérobes. La nervule sous-costale, examinée avec une forte loupe, se bifurque d'abord à la base, puis devient unique par soudure au premier tiers de l'aile, et enfin se divise de nouveau en deux au delà du milieu jusqu'à l'angle apical de l'aile, où elle se rapproche de la précédente; et, à ce sommet, entre les deux nervures costale et sous-costale est une tache ptérostigmale roussâtre qui semble s'affacer sous la loupe et dont l'apparence est due surtout au rapprochement des nervures et à des cils. La nervule intercurrente existe entre les deux vaisseaux de la sous-costale, toujours près de la base de l'aile, sensiblement à angle droit, très forte et colorée en brun. Les troisième et quatrième nervures prennent insertion

---

(1) Ann. de la Soc. Entom. de France, 3ᵉ série, 1859, t. VII, p. 163.

sur la sous-costale, près de la base de l'aile, et la quatrième se bifurque
un peu au delà du milieu. Par suite entre ces nervures et la sous-costale
sont trois séries d'aréoles en rectangles allongés. La cinquième nervure
part de la base de l'aile, mais ne se prolonge pas jusqu'au sommet; elle
s'arrête à la quatrième un peu après la bifurcation de celle-ci. Entre la
quatrième et la cinquième nervures sont des aréoles en forme de carrés
dont les angles seraient changés en arc de courbe. Enfin de la base de
l'aile part une sixième nervure, mais petite et venant promptement
rejoindre la nervure qui limite le contour postérieur de l'aile. Les aréoles
entre ce contour et les cinquième et quatrième nervures redeviennent
de longs rectangles. L'aile inférieure reproduit complétement la supérieure
pour la force de la nervure sous-costale, sa séparation en deux dès la
base, puis vers l'extrémité de l'aile avant la tache ptérostigmale roussâtre, tandis qu'il y a soudure vers le premier tiers, la forme des
aréoles comprises entre les nervures principales; il y a bifurcation pour
la sixième et petite nervure. Il n'y a pas de nervule intercurrente. Le réseau des ailes est très transparent, les nervules ne sont ciliées que de
poils extrêmement fins. Un glacis irisé où dominent le rose et le violet
(couleurs prismatiques extrêmes) est répandu uniformément sur les ailes.
Il ressemble à celui de l'*Hemerobius irideus* (Olivier). L'Insecte décrit
provient de Lifu (Nouvelle-Calédonie). Il est du sexe mâle, car on reconnaît
à la loupe à l'extrémité anale les deux valves qui recouvrent les crochets
copulateurs. Cette espèce se rapproche de l'*Hemerobius stigmaticus*
(Rambur), découvert par M. Rambur en Andalousie, retrouvé en Algérie
par M. Lucas, offrant des nervures brunes, de longues et épaisses antennes
et une réticulation des plus analogues à celle de l'Hémérobe néo-calédo-
nien; mais l'*Hemerobius stigmaticus* diffère complétement par les maculatures noires et caractéristiques de la base des ailes et par la nervure sous-
costale complétement divisée de la base au sommet de l'aile avec les deux
moitiés parallèles. La nervule intercurrente est remplacée à la base de la
cellule médiastine par une tache brune.

HEMEROBIUS STIGMA (Montrouzier).

*Diagnosis : Corpore omnino flavicante; capite parvo, oculis flavis; an-
tennis flavis, filiformibus, elongatissimis; prothorace elongato , coarctato;
abdomine elongato, postice spatuliformi; alis ad apicem rotundatis, sub-
hyalinis, flavicante-viridibus, nervuris testaceis, areâ elliptiformi duabus*

*nervuris crassioribus circumscriptâ ; aliis anticis fuscâ maculâ in medio
signatis, non pterostigmatis ; posticis pterostigmatis.*

Habitat Lifu, in Novâ-Caledoniâ. — Long. 13 mill., envergure 46.

C'est avec une grande hésitation que nous conservons cet Insecte dans
le genre *Hemerobius*, et c'est surtout en raison de l'absence d'un assez
grand nombre d'espèces et d'individus de même type qui pourront peut-
être former un genre caractérisé, principalement par la ténuité des antennes qui sont presque sétacées et surtout par leur excessive longueur
par laquelle elles s'éloignent complétement des antennes de nos Hémérobes indigènes. Les ailes ont aussi une forme différente, elles sont plus
larges dans leur partie moyenne et ont le sommet d'une courbure mieux
ménagée et plus arrondie. Nous avons trouvé, grâce à l'obligeance si connue de M. Lucas, dans la collection du Muséum, un Insecte qui se rapproche beaucoup du nôtre par la grandeur et la forme des ailes, la disposition des nervures qui sera décrite avec beaucoup de soin, la petitesse de
la tête portée également sur un long et étroit prothorax, l'absence de toute
tache ptérostigmale. Cet Insecte, qui est du Cap (voyage de **M. J. Verreaux**),
est, au reste, complétement différent parce qu'il n'a sur les ailes que de
faibles et indécises maculatures et pas d'irisation sensible. L'abdomen
manque et les antennes sont en partie détruites.

Nous ne faisons cette mention que parce que nous espérons que d'autres
espèces viendront encore se joindre à celle-ci, et pourront permettre probablement d'établir ou un nouveau genre ou au moins un sous-genre dans
e genre *Hemerobius.*

La tête est d'une couleur jaune clair mais terne, petite, et offre des
yeux exactement de même couleur sur l'individu desséché et de médiocre
grosseur. Le thorax, qui est du même jaune pâle, ainsi que les pattes et
les palpes, est très nettement divisé en trois parties : un prothorax allongé
et étroit, un mésothorax renflé et arrondi et séparé par un notable étran-
glement d'un métathorax de même forme.

Puis vient un très long abdomen étroit et cylindroïde dans les deux
premiers tiers, d'un jaune terne un peu plus foncé que le thorax, et ter-
miné au dernier tiers par un renflement spatuliforme, ayant en diamètre
plus du double de la base de l'abdomen, et que nous ne connaissons chez
aucun autre Hémérobe. Malheureusement, comme le R. P. Montrouzier
n'a envoyé que ce seul individu, qui nous paraît être un mâle par la présence des valves anales, ce renflement de l'abdomen n'est peut-être qu'un
caractère sexuel ; nous ne pouvons être suffisamment édifié sur sa valeur.
Le nom d'*Hemerobius stigma* a le défaut de se rapprocher beaucoup

de celui de *Hemerobius stigmaticus* (Rambur), ce qui pourra, si l'on n'y prend garde, établir des confusions. Un nom qui semblerait mieux convenir, eu égard au très important caractère que nous allons signaler, serait celui de *longicornis*, mais il a déjà été donné par Olivier à une espèce de Kiell (voir Encycl. méth,, t. 7, 1792, p. 63). Nous avons donc cédé au désir bien naturel de conserver le nom créé par notre honorable collègue pour l'espèce dont on lui doit la découverte. Peut-être préfèrera-t-on la désigner simplement par l'épithète *Montrouzieri*.

Ce qui frappe au premier examen de l'Insecte remarquable qui nous occupe, c'est la gracilité et l'extrême longueur des antennes qui dépasse beaucoup le grand diamètre de l'aile supérieure (aile 22 millim., antenne 40 env.). Ces antennes, formées comme chez les autres Hémérobes, de courts articles cylindroïdes, sont jaunâtres, elles ne présentent pas un gros article basilaire renflé comme chez les *Hemerobius chlorometas, perla, proximus, prasinus*; l'article basilaire est régulièrement cylindrique et à peine plus large que les suivants. Les ailes sont notablement plus étroites à l'insertion que dans nos Hémérobes de France; puis elles s'élargissent assez fortement et s'arrondissent. Ce qui apparaît aux yeux au premier abord, c'est la disposition remarquable de deux des grandes nervures, la seconde ou sous-costale, et celle qui paraît au premier abord la quatrième. Dans l'aile supérieure comme dans l'inférieure ces deux nervures, qui semblent à l'œil de même force, partent l'une contre l'autre de la base de l'aile, puis s'écartent en circonscrivant dans le milieu de l'aile une aire elliptiforme des plus nettes, et se rejoignent en s'amincissant de plus en plus vers le sommet. Dans l'aile supérieure, la bordure qui entoure de tous côtés cette aire elliptiforme, est à peu près partout de même largeur, et l'aile n'offre aucune trace de tache ptérostigmale ; dans l'aile inférieure cette bordure est notablement plus large vers le bord postérieur que vers le bord costal ou supérieur, et l'aile présente au sommet, au point où la nervure sous-costale est la plus voisine de la costale, un petit ptérostigma bien limité semi-elliptique et d'un jaune brunâtre. L'aile antérieure offre, près du milieu, un peu au delà toutefois du côté du sommet, une tache brunâtre nettement circonscrite et circulaire qui a valu à l'espèce, de la part du R. P. Montrouzier, l'épithète de *stigma*. Si l'on examine à la loupe la nervure sous-costale qui forme la demie-courbe supérieure de l'aire elliptiforme, on reconnaît qu'elle se divise en deux vaisseaux qui restent à peu près parallèles dans la longueur de l'aile, mais se réunissent et près de la base et au sommet

Cette nervure sous-costale est également double avec rapprochement vers le sommet à l'aile inférieure. A l'aile supérieure comme à l'inférieure, entre les deux moitiés, il n'existe aucune nervule intercurrente ni vers la base ni en d'autres parties de la cellule médiastine. Ce caractère suffirait pour établir une différence tranchée entre cette Hémérobe et nos espèces d'Europe.

En examinant avec plus de soin la nervure qui semble au premier abord la quatrième, et qui limite inférieurement l'aire elliptiforme, on reconnaît qu'elle est formée par les quatrième et cinquième nervures, beaucoup plus rapprochées que d'habitude et partout sensiblement équidistantes. Cette disposition se répète à l'une et l'autre paire d'ailes. Entre ces deux nervures longitudinales, des nervules déterminent des aréoles en forme de rectangles dont le grand côté serait parallèle au grand axe de l'aile, tandis que les nervules qui sont entre la cinquième nervure et le bord inférieur de l'aile limitent des rectangles qui tranchent complétement avec les précédents en ce que leur grand côté est à peu près perpendiculaire au grand axe de l'aile. Entre les quatrième et cinquième nervures rapprochées existe, à l'aile supérieure, une petite tache du côté du sommet. L'espace costal offre des aréoles en rectangles allongés à peu près perpendiculaires au grand axe de l'aile comme dans les autres Hémérobes. Après la nervure sous-costale double vient une troisième nervure, mais faible et peu accusée, à peu près parallèle à la sous-costale et se perdant dans le réseau de l'aile. Les aréoles de l'aire elliptiforme sont très faiblement dessinées. Il y a une sixième nervure comme dans les autres Hémérobes, mais très courte. Nous devons remarquer dans nos Hémérobes indigènes, que si on regarde l'aile sous une inclinaison convenable, on aperçoit aussi dans le milieu une sorte d'aire elliptiforme bordée supérieurement par la sous-costale; mais les troisième et quatrième nervures viennent en couper le champ, et la cinquième qui la limite inférieurement est bien plus faible que la sous-costale doublée, tandis que dans l'*Hemerobius stigma* les quatrième et cinquième nervures très rapprochées, avec les aréoles internes forment une bordure de même force que la sous-costale.

Le réseau des ailes de l'*Hemerobius stigma* paraît un peu terne par l'effet de nombreuses et très petites villosités interaréolaires; les poils sont en effet bien plus abondants que dans l'espèce précédente et dans les espèces européennes communes. Ils forment en particulier une remarquable bordure ciliée autour du bord costal des ailes, surtout de l'aile supérieure où les cils débordent de près d'un demi-millimètre. La couleur de toutes les nervures est brune. Les ailes sont colorées par un glacis irisé où dominent le vert et le jaune (couleurs prismatiques moyennes), ce qui indique pour les ailes une épaisseur et une structure intime différentes de celles de l'espèce précédente où l'irisation est tout autre.

Les couleurs irisées sont un effet de la décomposition de la lumière solaire par les lames minces, et l'on doit étudier avec soin leurs teintes dans les Hémérobes. Ces teintes seules nous offriraient un excellent caractère spécifique différentiel par les deux espèces qui nous occupent, et je suis heureux de pouvoir m'appuyer en ce sujet de l'opinion de M. Milne-Edwards qui regarde les irisations des ailes des Insectes comme véritablement spécifiques et liées à la structure moléculaire de celles-ci, car il ne saurait exister entre les deux membranes de l'aile d'air extravasé provenant des nervures et causant des variations d'épaisseur par une sorte d'accident normal, comme le pensait M. Goureau, ce qui rendrait l'irisation variable et non caractéristique (1).

L'Insecte décrit est de Lifu (Nouvelle-Calédonie).

Dans l'Hémérobe du Cap déjà mentionnée comme analogue à celle que nous décrivons par ses caractères généraux, j'ai reconnu pareillement que la sous-costale est double et qu'elle manque complétement aux deux ailes de toute nervule intercurrente dans la cellule médiastine; que les ailes, de même forme comme contour, offrent également une bordure de cils et une aire elliptiforme limitée supérieurement par la sous-costale double et inférieurement par les quatrième et cinquième nervures très rapprochées. Seulement le rapprochement de ces nervures est encore plus grand que dans l'*Hemerobius stigma*, et les nervules intermédiaires qui circonscrivent des aréoles entre les deux nervures longitudinales sont moins nombreuses.

C'est encore pour moi une raison nouvelle de penser que si des espèces de type analogue sont, outre ces deux, découvertes plus tard, il y aura lieu à former un genre. Je crois que les caractères déduits de la nervation des ailes ont l'avantage d'être plus facilement appréciables que ceux tirés des palpes dont s'est servi M. Rambur pour l'établissement de plusieurs genres.

Nous ferons remarquer en terminant que l'étude des deux espèces néo-calédoniennes, dues au zèle entomologique déjà si apprécié par la Société de notre honorable collègue le R. P. Montrouzier, vient confirmer cette loi générale déjà connue au sujet des Hémérobes, surtout par les espèces de Burmeister, à savoir que ces Insectes n'ont pas de spécialisation géographique. A côté d'un type identique à nos espèces européennes vient placer un type que l'on retrouve dans une espèce du Cap, région dont la différence géographique avec la Nouvelle-Calédonie n'est pas moindre que pour l'Europe.

(1) Mémoire sur l'irisation des ailes des Insectes, par M. Goureau. — Ann. Soc. Entom. de France, 1843, t. I, 2e série, p. 201. — Op. cit., Bull., p. XXI, même année.

EXPLICATION DES FIGURES 5, 6, 7, 8 et 9 DE LA PLANCHE 9.

Fig. 5. *Hemerobius chloromelas*, gr. nat.

   6. *Hemerobius stigma,*   id.

   6 *b*. Ailes amplifiées de l'*Hemerobius stigma*.

   7 *b*. Ailes amplifiées de l'*Hemerobius prasinus*.

   7 *a*. Sous-costale très grossie de l'*Hemerobius prasinus* et *nervule* intercurrente.

   5 *a*, 8 *a*, 9 *a*. Id. pour les *Hemerobius chloromelas, chrysops, albus*.

   6 *a*. Sous-costale très grossie sans nervule intercurrente de l'*Hemerobius stigma*.

   9 *b*. Section de l'aile très grossie montrant les tubes creux de la nervure costale et de la sous-costale double dans l'*Hemerobius albus*.

NOTICES ENTOMOLOGIQUES

Par M. Maurice GIRARD.

I.

Note sur les ISARIA symétriques des chrysalides de certaines espèces de Vanesses

(LÉPIDOPTÈRES DIURNES ou ACHALINOPTÈRES).

(Séance du 25 Juin 1862.)

Il y a déjà quelques années que j'avais remarqué sur une chrysalide d'une Vanesse (*V. Io* ou *Atalanta*, je ne sais plus au juste) qui était morte et s'était desséchée, deux filaments blancs pendant de chaque côté de cette chrysalide suspendue par la queue. On pouvait bien reconnaître un Cryptogame, mais le fait de la symétrie pouvait être accidentel. je n'y fis pas autrement attention. Cette année, ayant récolté sur les Orties un grand nombre de chenilles de *Vanessa Io*, pour mes expériences sur la température des Insectes, je remarquai que, sur une quarantaine de chrysalides qui s'attachèrent au couvercle de fil de fer du vase où j'élevais les chenilles, environ moitié présentèrent au bout de quelques jours des filaments blancs, renflés à l'extrémité et sortant avec une parfaite symétrie, toujours au nombre de deux seulement, de chaque côté du thorax (voir fig. 1). Cette production symétrique obéissait donc à une loi et méritait d'être étudiée avec plus de soin que je ne l'avais fait autrefois. Ces chrysalides furent portées à M. Tulasne, dont le nom fait autorité en matière de cryptogamie, et ce savant reconnut des *Isaria*, mais dont l'espèce n'était pas déterminable parce que l'extrémité terminale des filaments n'était pas arrivée à la phase de reproduction, sans doute par l'absence des conditions naturelles et surtout d'une humidité suffisante dans la chambre où se trouvaient ces chrysalides. On sait que les *Isaria* sont des Champignons de l'ordre des Trichosporées (1) ou des Gymnomycètes de M. Tulasne, dont les spores sont portées à l'extrémité des filaments. On a signalé les *Isaria* entomophiles sur les cadavres des chrysalides enfouies, chrysalides appartenant à des Lépidoptères nocturnes, tels sont l'*Isaria crassa* ou

(1) Payer, Botanique cryptogamique, Paris, Victor Masson, 1850.

farinosa, et sur les cadavres de la Guêpe-Frelon (*Isaria sphecophila*) (1). Les *Isaria* se développent toujours sur des Insectes morts ou sur des Champignons altérés, c'est-à-dire sur des matières très azotées, jamais sur les écorces ou les bois morts. M. Tulasne a constaté sur ce genre de très remarquables faits de génération alternante sur lesquels j'aurai dans un instant à revenir à propos de ma communication actuelle. On avait reconnu que le *Botrytis bassiana*, de la famille des Botrytidées, envahit

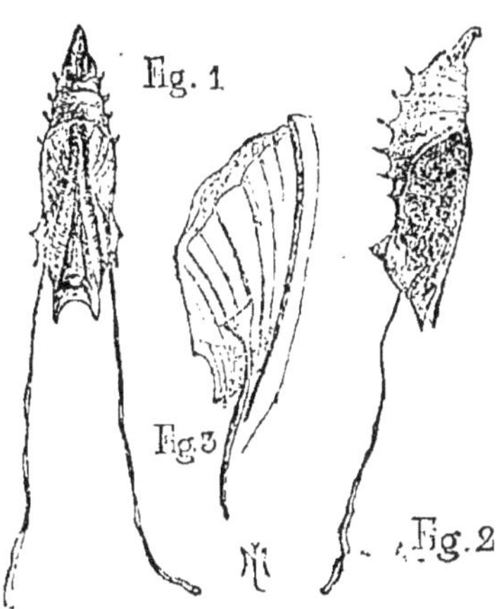

les tissus graisseux des chenilles vivantes du Ver à soie, y développe son mycelium et sort ensuite à l'état d'hyménium en efflorescences blanches à travers le cadavre momifié du Ver à soie. On sait que ce Cryptogame, cause de la muscardine, peut être inoculé aux Insectes, en larves ou adultes, de différents ordres (2). Or M. Tulasne, après avoir constaté sur un grand nombre de chenilles du *Bombyx rubi*, les unes mortes, les autres malades et encore vivantes, le développement d'une moisissure blanche ou *Botrytis* sur les anneaux et avoir observé la germination ou production de conidies de ces Cryptogames si simples (3), vit ensuite ces chenilles se couvrir de cylindres blancs dans lesquels il reconnut l'*Isaria crassa* ou *farinosa*. De même en ouvrant les chrysalides de *Vanessa Io* d'où sortaient les deux colonnettes symétriques, on trouvait à l'intérieur un véritable tapis byssoïde d'une sorte de *Botrytis*, adhérent aux parois thoraciques et formant, du moins dans les chrysalides les plus fortement attaquées, comme une cloison allant d'une aile à l'autre et semblant réunir les deux *Isaria* symétriques à une souche commune (fig. 2). Il y a ici plusieurs faits sur les-

(1) Voir Payer, op. cit., p. 59.
(2) Audouin, Ann. des Sciences natur., Zool., 2e série, t. VIII, 1837.
(3) Tulasne, note sur les *Isaria* et *Sphæria* entomogènes, Ann. des Sc. natur., Botan., 4e série, t. VIII, 1857.

quels je crois devoir appeler l'attention. D'abord je n'ai jamais trouvé que deux colonnettes bipares au lieu d'une série nombreuse et confuse comme sur les cadavres de la Guêpe-Frelon (1) où les chenilles du *B. rubi*. En outre, les chenilles apportées bien vivantes dans une chambre devaient avoir absorbé au dehors les sporules du parasite de la chrysalide ; en effet, au milieu de chrysalides envahies s'en trouvaient d'autres intactes et qui donnèrent leurs papillons. Notre collègue, M. Depuiset, m'a dit avoir souvent observé ces filaments blancs sur les chrysalides des *V. Io* et *V. urticæ*, jamais selon lui sur la *V. prorsa* : de plus, ces chrysalides se vident promptement, car elles sont quittées par des larves de Diptères. C'est aussi ce que j'ai constaté et de nombreux Diptères sont éclos provenant des chrysalides envahies par les *Isaria*. Peut-être le Diptère femelle qui attaque la chenille lui apporte-t-il, en même temps que ses œufs, les spores du Cryptogame ? Enfin ce sont toujours des deux ailes rudimentaires de la chrysalide que partent les deux filaments reproducteurs de l'*Isaria* et ils semblent prendre racine dans les nervures de ces ailes auxquelles ils sont attachés par une sorte de plaque triangulaire (fig. 3). Jusqu'à présent je crois en outre que les *Isaria* des chrysalides n'avaient pas été signalés sur des chrysalides de diurnes, vivant à l'air libre.

J'ai reçu de notre collègue M. Fallou, depuis la présentation de cette note, une chrysalide de *Vanessa Atalanta* offrant les deux tiges de l'*Isaria* symétrique partant également des ailes. M. Fallou m'a dit avoir observé souvent de pareils filaments sur les chrysalides de l'*Araschnia* (*Vanessa*) *Prorsa.*

Voici donc quelques faits apportés à l'histoire si intéressante de ces cryptogames parasites des Insectes. D'après les remarquables observations de M. Tulasne, les *Isaria* ne seraient que le second terme du développement; les espèces fongines peuvent avoir plusieurs phases dissemblables de reproduction et nous offrent au plus haut degré ces phénomènes de générations alternantes qui exigent en ce moment une révision complète dans la classification de tant d'animaux inférieurs. Le terme le plus élevé du développement de l'*Isaria crassa* est la *Sphæria militaris* qui s'est présentée à M. Tulasne sur certaines des chenilles de *B. rubi* couvertes par les *Isaria* (2). Ce n'est que rarement qu'apparaît ainsi l'appareil thécigère ou celui de la reproduction dernière et la plus parfaite ; peut-être, selon le même cryptogamiste, la *Sphæria sinensis* n'est-elle qu'une forme ultime et très rare du *Botrytis bassiana* ou muscardine des Vers à soie. C'est ainsi qu'aux *Isaria* se rattacherait le genre *Sphæria*, placé par les botanistes descripteurs dans un autre groupe plus élevé, dans celui des Hy-

(1) Voir la figure dans Payer, op. cit.
(2) Mémoire cité, p. 7.

poxylées, Champignons habituellement épiphytes, ou Pyrénomycètes de Fries ou Thécasporés-Endothèques de Léveillé.

Les *Sphæria* de même que les *Isaria* ne sont pas exclusivement parasites des Insectes et amenant leur mort, il en est des espèces épiphytes et des espèces terrestres. Je crois devoir appeler de nouveau l'attention sur cette particularité que les *Isaria* symétriques qui font l'objet de ma note sortent toujours des ailes rudimentaires de la chrysalide ; il y a là un fait analogue à la localisation des *Sphæria* entomophiles qui toujours sortent par la tête de l'Insecte envahi. C'est ce qu'on peut voir pour la *Sphæria militaris* sur les chenilles du *Bombyx rubi*, la *Sphæria Gunnii* sur une larve de *Cossus* de la Tasmanie (Coll. du collége Rollin, échantillons donnés par le délégué de la Colonie tasmanienne à l'Exposition universelle de 1855), la *Sphæria Robertsii* (Payer, Botan. Cryptog., p. 58) qui se trouve dans la collection du Muséum, issue d'une chenille de grande Hépiale, dans un cadre intitulé maladies des Insectes, avec un bel épi de fructification, une *Sphæria* probablement nouvelle, de la même collection, à filaments multiples et comme frisés, provenant de larves et de nymphes d'un Hémiptère du groupe des Cicadaires, de la Nouvelle-Zélande, etc. (1).

Je crois devoir en terminant citer les diagnoses des genres *Isaria* et *Sphæria*, encore distincts pour la plupart des botanistes, puisque ma note en fait une continuelle mention :

Isaria. — *Receptaculum clavato-ramosum, e floccis dense intricatis coalitum vel cellulo-carnosum. Sporæ basidiis simplicibus undique nascentibus suffultæ.* — Payer, Bot. Crypt., p. 76.

Sphoeria. — *Receptaculum commune expansum, carbonaceum. Conceptacula rotundata immersa, singula apice ostiolo perforata. Thecæ elongatæ. Sporæ septatæ, variæ.* — Payer, Bot. Cryp., p. 97.

Explication des figures :

Fig. 1. Chrysalide malade vue de la région dorsale.
2. Chrysalide malade vue de profil ; une aile enlevée pour laisser voir le byssus intérieur.
3. Aile grossie, avec radicules de l'*Isaria* dans les nervures.

(1) Robin, Hist. natur. des Végétaux parasites qui croissent sur l'Homme et sur les Animaux vivants, p. 648, 650. Paris, 1853, J.-B. Baillière.

II.

Note sur les cocons doubles du SERICARIA MORI.

(Séance du 23 Juillet 1862.)

Il y a déjà longtemps que notre collègue M. H. Lucas (Séance du 10 septembre 1845, Bulletin p. LXXXI) a signalé ce fait fort curieux que dans les cocons doubles de Vers à soie (*Douppions* des sériciculteurs), filés par deux Vers à la fois, il avait toujours trouvé un mâle et une femelle dans les deux Insectes associés, comme si ces Insectes savaient reconnaître leurs sexes dès l'état de larve. Ayant élevé cette année des Vers à soie pour mes expériences sur la chaleur propre des Insectes, j'ai obtenu cinq cocons doubles. Deux n'ont pas donné de produit complet, du moins pour les deux chrysalides à la fois, et les chrysalides étaient trop desséchées pour qu'on pût rien conclure, mais les trois autres cocons ont été bissexuels ; deux ont donné des papillons mâles et femelles, les femelles mal développées ; le troisième m'a offert les chrysalides mortes, mais à l'approche de l'éclosion, et en les ouvrant, j'ai reconnu des œufs dans l'abdomen de l'une et dans l'autre des indices du sexe mâle. Je suis heureux de pouvoir confirmer de nouveau l'ancienne observation de notre affectionné collègue.

Dans une note toute récente adressée à l'Académie des Sciences (1) M. Tigri, sans se prononcer sur le fait de savoir si les deux Vers qui filent le cocon double sont toujours de sexes différents, admet, dans ce dernier cas, la possibilité d'un accouplement des deux papillons, avant ou pendant la sortie, et trouve dans ce fait naturel l'explication des cas de parthénogénie cités par les auteurs et qui sont d'une exception si étrange et si peu conforme aux lois ordinaires. Il a constaté dans un cocon bissexuel où les deux papillons étaient morts l'existence d'œufs pondus, les uns d'une couleur jaune clair, les autres d'une teinte violacée, ce qui lui fait supposer que ces derniers étaient des œufs fécondés.

(1) Comptes rendus de l'Acad. des Sciences, 1862, t. 55, séance du 14 juillet 1862, p. 106, n° 2.

III.

QUELQUES FAITS RELATIFS

A DES

Lépidoptères attaqués par la Muscardine

(Séance du 8 Octobre 1862.)

De tous côtés on signale cette année la rareté des Lépidoptères, fait qui coïncide peut être, pour certaines espèces au moins, avec la reprise de l'épidémie des Vers à soie qui avait offert une diminution sensible il y a peu d'années. M. de Quatrefages a depuis longtemps noté le petit nombre des Lépidoptères dans les Cévennes, en 1858, lorsque l'épidémie sévissait avec force.

Quoiqu'il en soit de cette idée, je crois devoir faire connaître que cette année (1862), dans la forêt d'Armainvilliers, j'ai trouvé sous les toiles du *Bombyx processionnea* et sur beaucoup d'arbres différents un grand nombre de cadavres de chenilles atteintes de muscardine de la manière la plus caractérisée. J'ai constaté aussi la même chose sur des chenilles de *Nemeophila plantaginis* élevées par M. Fallou et provenant d'une ponte. On sait que le cryptogame parasite, le *Botrytis bassiana*, cause de cette maladie, n'est nullement spécial au Ver à soie et qu'il peut être inoculé de celui-ci aux Insectes indigènes à tous les états et réciproquement, pris sur les cadavres de ces Insectes attaqués naturellement, produire la muscardine chez les Vers à soie, ainsi qu'il ressort des recherches d'Audouin, (Ann. des Sc. Natur., 2ᵉ série, t. 8, 1837).

Il s'est manifesté cette année au Jardin d'acclimatation du bois de Boulogne un certain nombre de cas de muscardine dans la seconde éducation de l'année de l'*Attacus cynthia vera* (Bombyx de l'Ailante) et dans une éducation d'automne de Vers à soie (race de Portugal, cocons jaunes).

En examinant, toujours au point de vue des mêmes recherches, un certain nombre de sujets provenant des éducations de chenilles faites par notre collègue M. Fallou, j'ai pu constater de nouveau un grand nombre de cas de muscardine sur les espèces les plus diverses, ce qui confirme bien la généralité du mal. Ces éducations étaient faites dans une chambre très sèche, c'est-à-dire dans les conditions les moins favorables au développement spontané du cryptogame, qui exige au contraire une grande humidité, comme l'apprennent les expériences d'Audouin ; les Insectes avaient donc rapporté du dehors les germes de la muscardine. Je citerai, parmi les espèces muscardinées, la chenilles de l'*Anarta myrtilli*, celle de l'*Eupithecia nanata*, plusieurs chrysalides de l'*Agriopis aprilina*, les chrysalides des groupes les plus divers, du *Bombyx everias*, de la *Cucullia verbasci*, de l'*Halias quercana*, de la *Vanessa Antiopa*. Cette dernière venait de Chamouny, les autres Insectes des alentours de Paris et de Fontainebleau.

Il me semble qu'on ne saurait séparer ces faits, signalés dans ma note sur neuf espèces si variées, de la rareté cette année aux environs de Paris des *Colias edusa* et *hyale* et même des Piérides blanches, surtout des *Pieris brassicæ* et *rapæ*, qui, l'année précédente, dévoraient les Choux. La recrudescence des maladies qui déciment nos Vers à soie doit se rattacher aux mêmes causes générales, à ces mystérieuses influences épidémiques, capricieuses en quelque sorte, laissant cette année les pommes de terre intactes et vigoureuses et reprenant leurs ravages au contraire sur les raisins de treille du nord de la France.

RECHERCHES SUR LA CHALEUR ANIMALE DES ARTICULÉS

Suite (1).

Par M. Maurice GIRARD.

I.

Application du thermomètre différentiel de Leslie

A LA

MESURE DE LA CHALEUR PROPRE DES INSECTES.

(Séance du 25 Juin 1862.)

Dans les expériences sur la température propre des Animaux Articulés dont j'ai déjà eu plusieurs fois l'honneur d'exposer succinctement les résultats à la Société entomologique, je me suis généralement servi d'appareils thermo-électriques ; leur avantage principal est celui d'une sensibilité excessive et immédiate. Les indications obtenues avec ces instruments placés dans des conditions telles qu'ils restent bien identiques à eux-mêmes sont propres à donner des résultats comparatifs soit entre des Articulés de groupes différents, ou entre les divers états d'une même espèce, etc., mais les nombres obtenus n'ont aucune signification intéressante, car ils sont spéciaux à l'instrument. Si l'on veut avoir des indications numériques absolues, c'est-à-dire évaluer la chaleur en degrés thermométriques centigrades, on ne peut y parvenir qu'au moyen de tables de concordance construites d'après des expériences indirectes et médiocrement précises.

J'ai cherché, comme contrôle des appareils thermo-électriques, à appliquer directement aux Insectes un instrument thermométrique ordinaire. Telle avait été la première idée des expérimentateurs, car Newport en se servant de thermomètres à mercure ordinaire à très petits réservoirs ne fait qu'imiter la manière d'opérer de John Davy (2). Seulement il se

(1) Voyez les Annales, 1861, p. 503, et 1862, p. 340 et 345.

(2) John Davy, Ann. Chim. et Phys., 2ᵉ série, t. 33, p. 180, 1826. — Newport, Philos. Trans., 1837, 2ᵉ part., p. 259, et Ann. des Sc. natur., Zool., 2ᵉ série, t. VIII, p. 124 (extrait).

9

garde bien, comme le premier, d'enfoncer le réservoir dans l'intérieur du corps de ces petits animaux, mais se contente de l'appliquer contre leur abdomen. Newport ne s'est pas mis suffisamment à l'abri de causes d'erreurs fort graves. Il est évident que l'animal, plus ou moins irrité par la gêne que lui impose l'application du réservoir du thermomètre, n'est pas dans des conditions bien normales et je ne sais par exemple jusqu'à quel point il conserve son état de sommeil dans les expériences destinées à constater l'influence de cette cause sur la chaleur propre. La pince entourée de laine avec laquelle l'observateur tenait les Insectes et le gant de laine qui protège sa main sont loin d'empêcher toute communication par conductibilité de la chaleur du corps ; en outre, obligé d'être très rapproché de l'Insecte et du thermomètre, Newport ne s'aperçoit pas que la radiation émanée de son corps doit agir fortement sur le thermomètre ; il aurait dû observer à travers un écran suffisamment athermane ; j'ai constaté que cette influence est considérable sur des thermomètres très sensibles; variable selon la température ambiante et l'état de l'observateur, elle peut aller à plus de 1.° centigrade. Enfin Newport, n'employant pas un instrument différentiel, se trouve soumis à toutes les incertitudes de la comparabilité des deux instruments dont il fait usage quand il obtient, par différence, les excès de température des Insectes au-dessus de la température ambiante. Aussi les nombres absolus trouvés par Newport, quand il opère sur les Insectes isolés, ne me paraissent pas mériter une grande confiance et sont en général trop élevés ; cependant les expériences du savant anglais n'en demeurent pas moins les plus importantes qui aient été faites sur cette question et bien supérieures à celles de Dutrochet, surtout par la variété des sujets examinés; comme les causes d'erreur sont en partie constantes, les résultats comparatifs ont une valeur qui manque aux résultats absolus.

J'ai cherché dans l'emploi direct du thermomètre à éviter toutes les causes d'erreur qu'on peut reprocher aux expériences de Newport. Je me sers d'un thermomètre différentiel à air, gradué, par la méthode connue des physiciens, comparativement au thermomètre à mercure. On est ainsi bien certain de la valeur de l'excès de température au-dessus de celle de l'espace ambiant, car l'instrument ne donne aucune indication quand la température extérieure, forte ou faible, demeure la même pour toutes ses parties. J'ai choisi l'instrument de Leslie, à longue colonne liquide, de préférence à celui de Rumford dans lequel les mouvements du petit index liquide sont influencés d'une manière considérable par l'action des ménisques capillaires terminaux. La modification importante de l'instrument, soufflé par un artiste habile M. Vernoy, est la suivante : une des boules a été creusée à l'intérieur, en sorte de poire, de sorte que la zone concentrique d'air qu'elle présente soit à peu près égale au volume sphérique de l'autre boule. L'Insecte introduit dans cette cavité est libre de toute pression et demeure, à sa volonté, agité ou au repos ; tous les rayons calorifiques émis par son corps concourent à produire sur l'air contenu dans le fourreau ambiant l'excès de pression qui doit faire mouvoir la colonne liquide indicatrice des différences de température ; le verre très aminci par le soufflage, qui forme la surface interne transmet la chaleur avec facilité. Un petit bouchon ferme supérieurement l'ampoule; il est percé d'un

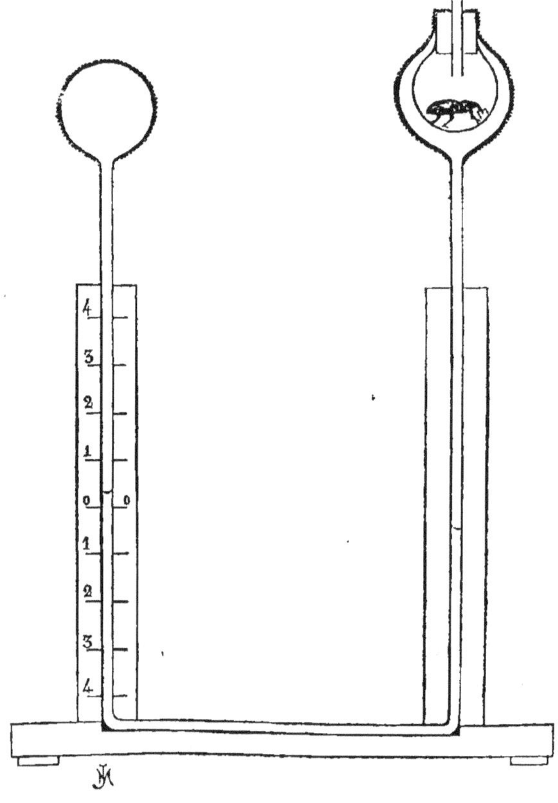

tube qui laisse entrer et sortir l'air, de sorte que l'Insecte respire dans les conditions normales. Il s'agissait d'éviter ce grave reproche que font Melloni et Nobili aux thermoscopes à boules vitreuses (1), à savoir que le

(1) Ann. de Chim. et de Phys., 2ᵉ série, t. 48, 1831, p. 198.

verre très diathermane pour la chaleur lumineuse l'est très peu pour les sources faibles et obscures ; de là des variations incessantes dans les effets des radiations ambiantes. Les deux boules et le bouchon ont leur surface externe revêtue d'une épaisse couche de vernis au noir de fumée, ce qui les rend athermanes. On peut encore, et cela est préférable, recouvrir les boules d'une feuille d'argent, comme le faisaient MM. de Laprovostaye et Desains pour les réservoirs de leurs thermomètres dans leurs expériences sur le refroidissement ; on rend le verre athermane et de plus, par la faiblesse du pouvoir émissif de la surface, on conserve le plus possible la chaleur émanée de l'Insecte dans l'intérieur de l'instrument. Entre les deux boules un petit écran empêche l'effet du rayonnement de la boule chaude sur la boule froide. Devant l'appareil est disposé un grand écran recouvert d'une feuille métallique du côté de l'observateur de façon à arrêter toute radiation de son corps sur le thermomètre. Devant la branche verticale qui porte la graduation en vingtièmes ou même dans quelques-uns de ces instruments en quarantièmes de degrés centigrades se trouve une petite fenêtre munie d'une glace qui permet la lecture du déplacement de l'index liquide. La pratique de ces appareils m'a fait reconnaître certains détails que je crois utile d'indiquer pour les observateurs qui seraient curieux de répéter des expériences analogues aux miennes. Ces instruments, dont les boules sont en verre très aminci par le soufflage, ne sont pas entièrement soustraits aux influences de la pression atmosphérique, mais la variation produite est très minime, d'une division environ. Un point plus important à noter, c'est qu'il est bon d'attendre plusieurs semaines avant de les graduer comparativement au thermomètre centigrade. En effet, les boules sont soudées à chaud et il faut assez longtemps pour que l'équilibre s'établisse entre les deux masses d'air et que l'index liquide, en acide sulfurique ou en alcool coloré, devienne bien stationnaire, surtout par l'effet de la dévitrification du verre. Je n'ai pas besoin de faire remarquer que ces appareils peuvent servir à la recherche des différences de température d'autres animaux que les Insectes, ainsi des Mollusques, et qu'on peut aussi les utiliser pour les végétaux, en général pour un grand nombre de faibles sources calorifiques.

J'ai cru devoir donner les indications détaillées qui précèdent parce que l'emploi du thermomètre différentiel ainsi modifié est nouveau dans la science ; au contraire dans l'énoncé de mes recherches précédentes je n'avais pas à décrire des appareils déjà employés dans les travaux antérieurs, comme le thermo-multiplicateur par Melloni et Nobili, le thermomètre à mercure par Haussmann, J. Davy, Newport, les aiguilles thermo-électriques par Dutrochet et M. Becquerel.

Si l'instrument modifié dont je me suis servi présente sur les appareils thermo-électriques, dont j'ai fait usage le plus habituellement, l'avantage de donner de suite des indications centigrades, il est beaucoup moins sensible et ne permet d'opérer que sur des animaux Articulés d'une certaine taille ; en outre les observations possibles dans un temps donné sont beaucoup moins nombreuses, car il faut attendre un temps, quelquefois assez grand, pour que l'extrémité terminale de la colonne liquide soit revenue au zéro, ce qui indique l'identité de température des deux boules.

Les résultats obtenus avec ce nouvel appareil confirment complétement et à ma grande satisfaction ceux énoncés, dans mes précédentes communications et acquis au moyen de procédés physiques tout à fait différents, et leur donnent ainsi incontestablement une sanction nouvelle en montrant qu'il s'agit de faits véritablement propres aux animaux et indépendants des moyens de mesure. J'ai toujours soin de prendre le poids des sujets mis en expérience, car c'est un élément capital de la question, et qui fait défaut dans les travaux précédents, pour des petits animaux dont la masse est toujours comparable à celle du corps thermométrique ; tandis que cette cause s'annule pour les grands animaux. J'ai pu obtenir ainsi de véritables moyennes de la température superficielle totale des Scorpions (*Buthus occitanus*), des grosses larves terricoles ou aériennes, des Coléoptères, des Lépidoptères, des Hyménoptères et des Diptères volumineux, qui ne peuvent jamais être en contact que par une partie plus ou moins restreinte de la surface de leur corps avec les appareils thermo-électriques ; j'ai constaté la place que doivent occuper dans l'échelle thermométrique animale, les Libellules, Insectes à vol puissant, que leur forme rendait impropres à être soumis d'une manière efficace aux autres procédés de mesure.

Je ferai connaître les résultats de ces recherches tant nouveaux que confirmatifs des anciens dans une dernière communication sur ce sujet à la Société. Qu'il me soit permis de lui témoigner toute ma gratitude pour sa complaisance à l'égard de ces travaux de physiologie entomologique qui sortent un peu du cadre des publications les plus habituelles de nos Annales.

II.

Application d'un thermomètre à mercure spécial

DANS LA RÉGION RECTALE DES INSECTES

POUR MESURER LA CHALEUR DE L'INTÉRIEUR DE LEUR CORPS.

(Séance du **10** Septembre **1862**.)

Dans plusieurs de mes expériences sur la chaleur propre des Insectes, j'avais été frappé de la différence qui existe entre la température de la surface du corps et celle de l'intérieur quand, après vivisection, on y enfonce de petits thermomètres, comme le faisait J. Davy. D'autre part la gravité de la lésion devant produire un trouble considérable, on n'a aucunement par ce moyen la chaleur intérieure normale. Est-elle une moyenne entre les deux résultats ? Je ne sais. Préoccupé de cette question, j'ai réfléchi, eu égard à l'anatomie de l'appareil digestif, qu'il n'était pas impossible, pour les très gros Insectes, d'introduire dans la région rectale de cet appareil, le réservoir d'un thermomètre très délicat, c'est-à-dire de suivre le procédé le plus habituellement employé pour obtenir la température propre des Vertébrés. Des instruments construits exprès, à réservoirs de la grosseur d'une plume de corbeau, analogues à ceux employés par les médecins pour la température des artères, m'ont permis de réussir sans causer aucune lésion à ces petits animaux ; c'est ainsi que j'ai opéré d'abord sur plusieurs chenilles de grand Paon de nuit, pesant chacune environ **11** grammes ; ces chenilles n'ont été aucunement lésées et ont ensuite filé leur cocon.

J'ai pu expérimenter aussi, sur des larves d'*Attacus cynthia vera* et *arrindia*, sur des *Courtilières*, sur des larves d'*Oryctes nasicornis*, sur de grosses femelles même de *Bombus lapidarius* et *hortorum*, etc.

III.

Note au sujet d'une communication de M. le Dr Schaum [1].

(Séance du 10 Décembre 1862.)

Je suis heureux que la publication de quelques-uns de mes résultats sur la chaleur propre des Articulés ait engagé M. Schaum à faire connaître son ancienne expérience d'après laquelle le thorax des Lépidoptères adultes, après le vol, serait plus chaud que l'abdomen. Il semble attendre, d'après sa note, la confirmation de ce fait par d'autres expérimentateurs. Cette confirmation existait antérieurement à la note de M. Schaum. J'ai publié ce fait à propos d'un *Acherontia Atropos* mâle, dans lequel, par une toute autre méthode que celle de M. Schaum, j'ai constaté un excès de plus de 2° cent. pour la température superficielle du thorax par rapport à celle de l'abdomen (Voir Ann. de la Soc. Entom., 4° série, t. I, 1861, p. 507). Outre les justes raisons alléguées par M. Schaum pour expliquer ce fait, ne pourrait-t-on pas aussi l'attribuer en partie à la prédominance de masse et à la concentration des ganglions nerveux thoraciques comparativement aux ganglions abdominaux.

[1] C'est dans la séance du 24 novembre 1862 que M. le Dr Schaum a adressé à la Société la note suivante *sur une expérience relative à la chaleur propre des Insectes :*

« Les communications de M. Girard sur la chaleur propre des Insectes m'engagent à parler d'une expérience que j'ai faite, il y a près de 10 ans, avec le Dr Viedemann, actuellement professeur à Bâle, mais que nous n'avons pas publiée parce que nous ne l'avions pas assez souvent répétée pour être sûrs du résultat.

» En enfonçant l'aiguille thermo-électrique dans le corps d'un Lépidoptère qui venait de voler, nous avons cru observer une différence de température entre le thorax et l'abdomen en faveur du premier. Si ce fait était confirmé par d'autres expérimentateurs, on pourrait alléguer deux causes de ce résultat : d'abord le mouvement musculaire, qui est accompagné d'un procès chimique engendrant de la chaleur, vu que ce sont les muscles du thorax qui produisent le vol ; puis l'activité de la respiration, plus grande, pendant le vol, dans le thorax que dans l'abdomen, suivant l'opinion généralement adoptée que ce sont surtout les stigmates du thorax par lesquels l'Insecte respire quand il vole, tandis que, pendant le repos, il respire par les stigmates de l'abdomen.

» Il est bien évident que le développement de la chaleur dépend, chez les Insectes, en premier lieu de la respiration, car, au lieu des vaisseaux qui, chez les animaux supérieurs, conduisent un sang oxydé aux capillaires, où est le siége des procès chimiques engendrant la chaleur, les ramifications des trachées distribuées dans tout le corps conduisent ici directement l'oxygène au sang épanché entre les viscères et aux tissus du corps.

» Dr SCHAUM. »

NOTE

SUR UNE

Curieuse adhérence de masses polliniques d'Orchidées

AUX PIÈCES CÉPHALIQUES DE DIVERS INSECTES MELLIVORES

Par M. Maurice GIRARD.

(Séance du 24 Juin 1863.)

Un grand nombre d'insectes de divers ordres recherchent avec avidité les substances sucrées que sécrètent les nectaires des fleurs, substances si favorables à la combustion musculaire respiratoire, source à la fois de la force qui produit les mouvements du vol et de la chaleur propre. Il est fort intéressant de remarquer ce qui arrive parfois à certains insectes, tous de printanière apparition, et qui trouvent alors dans les bois des Orchidées en fleurs. Ils emportent avec eux, adhérentes aux pièces céphaliques, des masses polliniques agrégées propres à ces végétaux, et la masse pollinique détachée se retourne et vient se coller par son rétinacle avec la plus grande force, soit entre les yeux, soit surtout sur les yeux composés en forme de demi-globes. Les insectes paraissent alors doués de sortes d'aigrettes d'un jaune soufre, frisées à l'extrémité, très tenaces par l'élasticité du pédicule séché et dont l'insecte ne peut se débarrasser. On croirait au premier abord à des productions cryptogamiques rares, mais non sans exemple sur des insectes adultes (1). Il y a des ressemblances avec les *Stilbum*, mais ces cryptogames apparaissent sur toutes les parties du corps des insectes, tandis que les productions dont nous parlons n'occupent que les organes céphaliques. La priorité de la découverte de ce

(1) Ainsi, sur des Curculionides se rencontrent le *Cordiceps entomorhiza*; sur des Coléoptères des genres *Prionopus* et *Hypsonotus*, le *Stilbum Buquetii*; sur des *Brachines* (Coléoptères Carabiques), le genre *Laboulbenia* (voir Ch. Robin, Hist. natur. des Végétaux parasites, etc., Paris, 1853, J.-B. Baillière, p. 622 et 640, pl. viii et ix). Je me souviens qu'en 1845, à l'École normale, M. Payer, maître de conférences de botanique, nous montra une Cigale, vivante et volant, du milieu du corps de laquelle sortait une longue production cryptogamique.

10

fait curieux appartient à Siebold. Il observa ces pollens adhérents à la tête des *Eunicera druriella*, sur des *Leptura* (Coléopt. Longicornes), sur la *Zygæna loniceræ* (Lépid. Chalinoptères). M. de Beauvois reconnut que la maladie des Abeilles, dite des *fleurs en tête*, est due à des pollens d'Orchidées. Notre savant collègue, M. Ch. Robin, a publié et figuré un *Deilephila porcellus* portant ces pollens en grand nombre sur les yeux et trois Hyménoptères en ayant des touffes sur le labre et sur le vertex. Tous ces insectes lui avaient été remis par M. Guérin-Méneville (1).

Je puis ajouter aux exemples déjà cités dans les auteurs, un certain nombre de faits nouveaux. J'ai pris à Compiègne cette année même, butinant sur les fleurs, un *Anaitis plagiaria* (Lépidoptères Chalinoptères, Phalénides) présentant deux houppes jaunes, simulant deux palpes, cha-cune sur un des yeux composés. Cet exemplaire a été soumis aux inves-tigations de M. Gris et de M. Redon, au laboratoire de botanique du Muséum, après macération dans l'eau. Aucune racine n'existait à l'intérieur; on reconnaissait au microscope, le rétinacle en disque, puis le caudicule, puis le pollen en lobules, soit d'un Ophrys, soit d'un Orchis, soit plus probablement d'un Platanthera. Sur un *Anthocharis cardamines* ♂ (Lépi-doptères Achalinoptères, Piérides), pris à Enghien, et qui m'a été remis par M. Künckel, on observait trois de ces houppes jaunes, deux sur chacun des yeux composés, une plus petite en dehors de ces yeux, près de l'un d'eux sur le vertex. M. Goossens a remarqué une touffe de sem-blables productions, en grand nombre, sur la tête d'un *Hesperia linea* (Lépid. Achal., Hespérides). Enfin M. Künckel a constaté le même fait sur des insectes d'un autre ordre. Il a pris cette année, dans les bois de Ver-rières, deux individus du *Strangalia melanura* (Coléopt. Longicornes), présentant tous deux un certain nombre de houppes jaunes, au-dessus des mandibules, entre les yeux. Ces Coléoptères butinent sur les fleurs de divers végétaux, surtout celles des Ronces. Ces faits, joints à ceux déjà publiés par M. Robin, suffisent donc pour établir la grande généralité du phénomène dont il s'agit; il sera sans doute aussi constaté plus tard sur des espèces exotiques.

(1) Ch. Robin, loc. cit., p. 684 et pl. VIII.

NOTE

SUR DES

Diptères parasites du SERICARIA MORI,

Par M. Maurice GIRARD.

(Séance du 22 Juillet 1863.)

On sait combien fréquemment les chenilles des Lépidoptères sauvages sont attaquées par des Hyménoptères ou des Dyptères à larves parasites. Il en résulte même un balancement harmonique arrêtant la multiplication des insectes phytophages. On ne croyait pas généralement que le même fait pût se produire sur des chenilles élevées à l'intérieur en magnanerie.

Ainsi V. Audouin, qui fit en France, en 1840, la première éducation d'*Attacus cecropia*, rapporte qu'il reconnut que l'espèce devait vivre sauvage à la Louisiane par l'éclosion d'Ichneumoniens parasites de certains cocons. Les auteurs qui traitent des maladies du Ver à soie ne parlent pas de cette cause de destruction ; cependant dans les renseignements les plus nouveaux qui nous sont parvenus de Chine, lorsque l'attention a été vivement reportée, par suite de l'épidémie qui désole l'Europe, sur les procédés de la sériciculture chinoise, on signale sous le nom de *Maladie de la Mouche* des faits du genre de parasitisme cité plus haut. Les indications reçues jusqu'ici laissent ignorer si on a affaire à un Hyménoptère ou à un Diptère. Cela n'est pas exclusif à la Chine. Je viens de recevoir de M. Emile Caillas, qui élève, avec beaucoup de succès à Passy, plusieurs races de Vers à soie, les indications suivantes : En 1861 des cocons avaient été choisis pour le grainage, bien conformés, d'un grain fin et serré, présentant toutes les qualités désirables; malgré cela, plusieurs ne donnèrent pas de papillons. Ils furent ouverts et on trouva à côté de la chrysalide à demi rongée, des mouches vivantes dont plusieurs s'envolèrent, des mouches mortes et des chrysalides de mouches. Les cocons provenaient d'une seconde éducation commencée en août. On observa le même fait en 1862, sur des cocons issus de graine nouvellement importée de Chine. Plusieurs éducateurs du Midi m'ont rapporté avoir constaté dans leurs magnaneries des cocons ayant des insectes parasites à l'intérieur. M. Caillas m'a remis un de ces cocons, de race jaune, où la chrysalide s'était formée. Les parasites étaient des Muscides, groupe des *Entomobies campéphages* de Robineau-Desvoidy ou des *Tachinaires* de Meigen, trop desséchés pour qu'il fût possible d'en déterminer l'espèce, avec des pellicules de téguments de nymphes. Ils m'ont paru une des espèces de Diptères que les entomologistes parisiens rencontrent si fréquemment dans l'éducation des chenilles les plus diverses.

Au reste, cette détermination spécifique est peu importante, les Entomobies de même espèce se rencontrent dans des chenilles très différentes, et si certaines espèces n'ont jusqu'à présent été trouvées que dans certains Lépidoptères, on n'est pas en droit, d'après l'autre fait, de conclure qu'elles leur sont à tout jamais spéciales. J'ai consulté avec le plus grand soin l'histoire naturelle des Diptères de Macquart (Roret, Suites à Buffon, 1834, 1835), l'Essai sur les Myodaires de Robineau-Desvoidy (Savants étrangers, t. II, 1830) et enfin l'ouvrage posthume de ce célèbre diptérologiste (Diptères des environs de Paris, V. Masson, 1863) qui contient à la fin du second volume (p. 855 et suiv.) une table complète des Entomobies et de leurs Lépidoptères. Aucune Entomobie n'a été indiquée dans ces ouvrages pour le Ver à soie. M. Guérin-Méneville, dont le nom a une si grande autorité en sériciculture, m'a déclaré n'avoir aucune connaissance de faits de ce genre pour le *Sericaria mori* et que très probablement les essais d'éducation en plein air destinés à régénérer nos races indigènes rendront fréquent ce genre de parasitisme. Toute chenille, quelle que soit sa provenance, paraît devoir être une proie livrée aux Entomobies. M. Guérin-Méneville a constaté que le Ver de l'Ailante (*Attacus cynthia vera*) a été attaqué par la *Phorocera pumicata* Meig.

Il faut remarquer dans les exemples de M. Caillas que les cocons n'ont aucunement souffert ; les larves d'Entomobies avaient dû respecter complétement les glandes séricigènes. Outre les exemples que j'ai eus directement sous les yeux, tous ceux qui m'ont été cités rapportent qu'on ne s'est aperçu du parasitisme qu'en ouvrant les cocons. Le cocon fermé et épais du *Sericaria mori* ne doit pas permettre, en effet, à des Muscides dont la bouche est dépourvue de pièces perforantes, de pouvoir s'échapper. On doit dire ici que l'instinct ordinaire a trompé la femelle du Diptère habituée à pondre sur le corps de larves ou sans cocon, ou à cocon peu résistant comme les cocons fermés de certaines espèces indigènes (genres *Orgya*, *Odonestis*, *Lasiocampa*, etc.) ou enfin à cocons ouverts naturellement à un bout, comme ceux de nos *Attacus* d'Europe. Ces nouveaux ennemis sont donc peu à redouter pour nos magnaneries, puisque leur mort accompagne celle de leur victime et que la soie reste intacte.

NOTE

SUR UN

Fait de parasitisme relatif à la CHELONIA CAJA

(LÉPIDOPTÈRES CHALINOPTÈRES)

Par M. Maurice GIRARD.

(Séance du 22 Juillet 1863.)

On sait que généralement les parasites des chenilles tuent celles-ci avant la transformation en nymphe, ou tout au moins ne lui laissent pas dépasser ce dernier état. M. Künckel, notre nouveau collègue, m'a communiqué un cas assez rare où le parasitisme a permis l'éclosion de l'adulte. Il s'agit d'une *Chelonia caja* ♀, éclose vivante, mais à ailes avortées en même temps que des larves parasites sortirent de la chrysalide. Peut-être des faits de ce genre expliquent-ils certains avortements des Lépidoptères adultes dans la nature ? Les parasites appartenaient ici à un Hyménoptère, car la chenille offrait des traces de piqûres et on trouva de petits cocons dans le cocon qu'elle avait filé. Robineau-Desvoidy cite un cas analogue pour des Diptères (Essai sur les Myodaires, Savants étrangers, t. II, 1830, p. 28) : M. Carcel, écrit-il, a vu des *Phryxe* sortir de l'adulte du *Sphinx ligustri*.

Considérations générales sur le genre RAPHIDIA

(NÉVROPTÈRES, RAPHIDIENS)

ET

NOTE SUR LES

ESPÈCES DE CE GENRE QUI SE TROUVENT AUX ENVIRONS DE PARIS,

Par M. Maurice GIRARD.

(Séance du 26 Octobre 1864.)

Il existe en entomologie certains groupes d'insectes qui n'ont jamais attiré l'attention de la majorité des observateurs. Ils doivent pour cela réunir plusieurs conditions : être d'une distinction spécifique difficile, ne pas offrir d'intérêt par l'éclat des couleurs, la richesse des dessins, ne se rencontrer qu'accidentellement, un peu partout, sans localisation certaine. Un certain nombre de familles de Névroptères se trouvent dans ce cas, aucune à un degré plus prononcé que celle des Raphidies.

Il est d'abord digne de remarque, qu'en vertu de lois inconnues, ce type, ainsi qu'il arrive pour d'autres dans tous les ordres des Insectes, ne présente qu'un nombre restreint d'espèces, et de plus les individus de celles-ci sont toujours isolés, en quantité minime, tandis que d'autres groupes, pauvres aussi en espèces, semblent pulluler en individus, par exemple dans les Orthoptères. Ce sont des particularités de mœurs et de nourriture encore ignorées, qui rendront compte un jour de ces inexplicables dissemblances. En outre, les Raphidies partagent avec les Phryganes, les Hémérobes, les Fourmilions la difficulté la plus grande pour les caractères spécifiques distinctifs, et l'emportent même sous ce rapport. Rien ne saurait mieux décourager l'entomologiste disposé à l'étude de ce sujet dédaigné que les aveux de M. Rambur sur le genre *Raphidia.*

Il dit que les auteurs confondent sous le nom d'*ophiopsis* plusieurs espèces de *Raphidia*, que ce genre renferme les Insectes les plus difficiles à distinguer parmi les Névroptères, que la tête semble varier pour

11

la forme dans la même espèce, et que le prothorax qui doit sa forme cylindrique à ses bords roulés pourrait bien aussi différer d'épaisseur.

Il a notamment appliqué les noms d'*ophiopsis* et de *notata* à deux de ses espèces, sans qu'on puisse être certain, dit-il, que ce soient les véritables espèces des premiers auteurs.

Le genre *Raphidia* a été créé par Linnæus, et les auteurs suivants l'ont copié, sauf trois exceptions. De Géer a décrit une *Raphidia*, mais n'a pas connu la larve, et s'est trompé sur les tarses. Sa figure est peu reconnaissable, et se rapporte plutôt à *notata*, comme inclinent à le croire Serville, Lepelletier Saint-Fargeau et M. Percheron, qu'à l'espèce désignée par Schummel sous le nom d'*ophiopsis* et autre, selon l'auteur allemand, que l'*ophiopsis* de Linnæus. Latreille fit connaître une espèce en larve et adulte avec palpes maxillaires de cinq articles et palpes labiaux de trois. Son mémoire ne renferme rien sur la nymphe; il dit seulement, d'après Linnæus, qu'elle ne diffère de l'adulte que par des moignons d'ailes et qu'elle est agile. Duméril ne cite que l'espèce *ophiopsis* et dit avoir observé la larve, très vive et carnivore, habitant les crevasses des écorces de l'orme et aussi la nymphe, à fourreaux alaires, pareillement agile, comme Linnæus l'avait affirmé.

Serville et Lepelletier Saint-Fargeau ont aussi rencontré cette larve aux environs de Paris, et M. Percheron l'a trouvée en Dauphiné sous l'écorce d'un pin. Linnæus, dit-il, indique dans sa description la même localité.

Les auteurs arrivèrent ensuite à distinguer deux espèces de *Raphidia*, la *Raphidia ophiopsis* de Linnæus et Fabricius, la *Raphidia notata* de taille fortement plus grande, indiquée par Fabricius. Les différences spécifiques sont décrites avec soin par Serville et Lepelletier Saint-Fargeau. Ils signalèrent dans les *Raphidia* des tarses de cinq articles et non de quatre, selon l'erreur de De Géer. Ces auteurs ont connu *Raphidia ophiopsis,* mâle et femelle, des bois des environs de Paris, et seulement la femelle de *notata* des mêmes localités.

Un pas important pour l'étude de ce petit groupe fut fait par Schummel, qui porta de deux à quatre le nombre des espèces connues en décrivant les espèces de Silésie. Il tira un excellent parti distinctif du nombre de nervules et d'aréoles du ptérostigma de ces insectes appelés, dit-il, en Allemagne *mouches à tête de chameau*. Malheureusement Schummel crut devoir changer en *xanthostigma* le nom d'*ophiopsis* de l'espèce linnéenne, et donna celui d'*ophiopsis* à une autre espèce voisine, mais un peu plus petite, dont on lui doit la découverte. M. Percheron, dans un travail postérieur, eut soin d'éviter cette confusion et signale *ophiopsis* de Linnæus, *notata, ophiopsis de Schummel* et *crassicornis,* également de Silésie, selon Schummel. M. Percheron s'est surtout attaché à l'étude des larves de *Raphidia ophiopsis* et de *Raphidia notata*. Il cite cette dernière espèce de Versailles, de Saint-Cloud, et la larve qu'il éleva provenait d'une allée du parc de Saint-Cloud, sous une écorce d'arbre, en avril. Les larves des *Raphidia* vivent sous les écorces et sont réputées carnassières, se nourrissant probablement d'Arachnides et de Cloportes. Elles marchent en imprimant à leur corps des mouvements violents et ondulés qui leur donnent l'apparence d'un serpent, d'où les noms d'*ophiopsis*, de *serpentine*. D'après M. Percheron la larve de *R. notata* se transforme en nymphe par le durcissement de la peau, et cette nymphe, analogue à celle des Coléoptères, aurait toutes les parties du corps distinctes, mais recouvertes d'une membrane qui en empêche l'action. Elle est, selon lui, immobile, bien qu'elle jouisse de la même faculté de contorsion du corps et de sauts, que la larve possède à un si haut degré, et Linnæus et Latreille auraient commis une erreur en indiquant les nymphes des *Raphidia* comme agiles. M. Percheron, bien qu'ayant élevé la larve et la nymphe de *R. ophiopsis*, n'a pu se rappeler suffisamment ce qui les concerne.

Or, ce qui montre combien le genre qui nous occupe mérite d'être étudié avec plus de soin, c'est que M. Waterhouse, peu après M. Percheron, décrivit une larve et une nymphe de Raphidie qu'il rapporte, mais avec doute, à *ophiopsis de Schummel* et signale de notables différences. Il est très probable, bien qu'il ne cite pas de localité, que ses insectes ont été trouvés en Angleterre. Selon l'auteur anglais, qui a observé plusieurs sujets, ces larves ne seraient peut-être pas carnassières, et les nymphes, comme le disent Linnæus et Latreille, seraient agiles et non immobiles; il serait, dès lors, arrivé quelque accident au sujet unique de M. Percheron. Au reste, le *facies* de la larve de M. Waterhouse diffère beaucoup de celle de M. Percheron (*notata*). Comme distinction principale, nous dirons seulement que l'abdomen de la larve de *R. notata* est cylindroïde et de la largeur du prothorax et de la tête sensiblement, tandis que dans l'espèce de M. Waterhouse, l'abdomen, très renflé au milieu, égale en largeur près de quatre fois le prothorax, de manière à offrir une forme générale sub-ovoïde.

Cette larve appartient ou à *ophiopsis* de Linnæus ou à *ophiopsis de Schummel*, espèces voisines au reste. Le même aspect frappe les yeux dans les figures de la larve et de la nymphe de *Raphidia crassicornis* données quelques années après par Fr. Stein, et qui se rapprochent beaucoup de l'espèce de M. Waterhouse. Outre les différences spécifiques, des influences de sexe modifient peut-être les formes dès la larve ; toujours est-il que ces détails méritent de nouveaux travaux.

M. Guérin-Méneville éleva une larve de *Raphidia*, dont il ne signale pas l'espèce, et la nymphe courait rapidement comme les larves et les nymphes des Orthoptères. Il suppose que, peut-être, il y a deux périodes chez cette nymphe, l'une d'agilité, comme il l'étudia, ainsi que Linnæus et Latreille, l'autre d'inertie, comme les nymphes des Névroptères, et ce serait dans cet état que M. Percheron aurait fait son observation. Peut-être les *Raphidia* tiendraient-elles à la fois des Orthoptères et des Névroptères (1).

M. Stephens, dans son Catalogue et dans ses Illustrations entomologiques des Insectes de la Grande-Bretagne, décrit plusieurs *Raphidia*. Il figure seulement une espèce sous le nom d'*ophiopsis* Linn., et donne en même temps comme synonyme *R. notata* de Fabricius. Or, incontestablement par la taille et par la couleur brune du ptérostigma, cette espèce est la *R. notata* des auteurs français et allemand. La *R. ophiopsis* de Linnæus se distingue essentiellement, comme le disent MM. Percheron et Burmeister, par son ptérostigma clair, c'est-à-dire d'un jaune brunâtre, peu apparent au premier aspect. Les autres espèces anglaises de M. Stephens sont nommées *megacephala, londinensis, affinis, maculicollis* (Leach, Curtis) et *confinis* (Stephens). Comme l'auteur, ignorant probablement la monographie de Schummel, ne donne aucune indication des nervules du ptérostigma, aucune figure comme synonymie étrangère et de fort courtes diagnoses, son travail, pour des insectes aussi difficiles à spécifier que les *Raphidia*, ne me semble guère utilisable, et bien de ces espèces doivent faire double emploi avec celles de France et d'Allemagne.

M. Burmeister, adoptant les idées de Schummel et ses noms, donne les diagnoses des *Raphidia xanthostigma* (*ophiopsis* de Linnæus) et *ophiopsis* (de Schummel), à ptérostigma des ailes supérieures traversé par une seule nervule, des *R. media, major* et *notata*, à ptérostigma traversé par deux nervules, enfin de *R. crassicornis*, Hartlick, à ptérostigma sans nervule.

Toutes ces espèces sont indiquées d'Allemagne, surtout de Berlin, de Halle, de Silésie. M. Rambur a reçu *R. crassicornis* de Sardaigne par M. Géné. Il signale, en outre, la *R. notata*, la *R. ophiopsis*, de Schummel et de De Géer, suivant le même auteur, ce qui est fort douteux, et

(1) Annales de la Société entomologique de France, 2ᵉ série, tome III, 1845, Bull. page xxxiv.

omet complétement de s'expliquer sur *ophiopsis* de Linnæus et de Fabricius, si bien caractérisée dans l'Encyclopédie méthodique par Serville et Lepelletier Saint-Fargeau. Il donne comme nouvelles des espèces trouvées par lui en Espagne *R. bœtica* et *R. hispanica*, et de même *R. cognata* sans indication de localité.

Je crois pouvoir proposer, pour mettre fin à de continuelles confusions, de supprimer le nom de *R. xanthostigma* de Schummel et de Burmeister en faveur de *R. ophiopsis* de Linnæus et de Fabricius, qu'ils indiquent comme synonyme et qui a la priorité, et de nommer *Raphidia Schummeli* l'espèce voisine, un peu plus petite, qui a été découverte en Silésie par Schummel et que les auteurs allemands appellent *ophiopsis*.

On rencontre aux environs même de Paris au moins trois espèces de *Raphidia* dont je puis parler *de visu.* Ce sont, d'abord, *R. ophiopsis*, dont je possède un sujet femelle, trouvé par M. Künckel à Saint-Germain, offrant le ptérostigma pâle et peu apparent, d'un brun clair, qui avait amené l'épithète de *xanthostigma;* puis la *R. notata*, de plus grande taille, dont trois individus provenant de Fontainebleau m'ont été remis par M. Fallou, et qui offre le ptérostigma d'un brun foncé, de sorte que l'aile, au premier aspect, ne paraît pas entièrement transparente. Cette grande espèce est très répandue, existe en Angleterre, en Allemagne, en France, et je viens de la recevoir de Zermatt, Haut-Valais, trouvée par M. Künckel.

A ces deux espèces parisiennes, indiquées par les auteur français, il faut en joindre une troisième, de taille plus petite et plus grêle surtout que la *R. ophiopsis*. Cette petite espèce, dont je possède les deux sexes, provient de Maisons-Laffitte, et a été trouvée par M. Fallou au printemps entre les écorces. Elle me semble de la manière la plus probable appartenir à la *R. Schummeli* (*ophiopsis de Schummel*, Percheron) que M. Percheron ne connaissait que par le mémoire allemand et qu'il dit ne pas avoir été trouvée par lui en France, en exprimant l'espérance de sa future découverte. Mon espèce offre bien la taille un peu plus petite que *R. ophiopsis* de Linnæus, comme l'indiquent Schummel et Burmeister, la tête par sa forme se rapporte tout à fait à la figure de Schummel reproduite par M. Percheron. En effet, les côtés de la tête, qui surmonte un prothorax plus effilé que dans *ophiopsis*, sont moins courbes, ne se renflent pas aussi vite que dans *ophiopsis*, ce qui donne à cette tête une apparence triangulaire et non sub-ovoïde inférieurement. Le ptérostigma, à une seule nervule comme *ophiopsis* (les deux espèces sont voisines), a tout à fait la forme donnée dans la figure de Schummel et de M. Percheron.

Je dois seulement dire que Schummel et Burmeister indiquent ce ptérostigma brun, et qu'il n'est que brun clair dans mon espèce comme dans *ophiopsis* de Linnæus; mais une si légère différence, sans doute locale, ne me permet nullement de faire de cette troisième espèce parisienne une espèce nouvelle. Souvent la force des nervures varie aussi dans les *Raphidia* comme *R. notata* m'en a offert des exemples.

Cette troisième espèce, nouvellement indiquée pour la faune parisienne, n'est sans doute pas la seule; probablement les espèces allemandes *media* et *major* de Burmeister s'y trouvent aussi, et sans doute également *R. crassicornis*, sans nervules au ptérostigma, qui formera peut-être un genre à part. Comme ces insectes sont toujours rares, ce n'est qu'à la suite de nombreuses recherches et en me recommandant, pour ce groupe si dédaigné, à la complaisance de mes collègues, que j'arriverai peut-être à étendre encore le nombre de nos espèces des environs de Paris.

Je crois utile de joindre à cette note une table indicative des principaux travaux publiés sur le genre *Raphidia* :

Linnæus, Syst. Nat., édit. de 1767, t. I, 2e part., p. 916.

Id. Fauna Suesica, 1517.

Fabricius, Spec. Ins., t. I, p. 402, n° 2.

Id. Mantissa, t. I, p. 251, n° 2.

Id. Entom. Syst., t. 2, p. 99.

Geoffroy, la Raphidie, Hist. des Ins. des env. de Paris, t. II, p. 233, pl. 13, fig. 3, *c*, *f*, *g*.

De Géer, Mem. Ins., t. II, p. 92, tab. 25, fig. 4 à 9.

Sulzers, Caractères des Insectes, pl. 17., fig. 102.

Rœsel, t. V, p. 130, pl. suppl. 21, fig. 6, 7.

Fourcroy, Entom. Parisiana, t. II, p. 350.

Latreille, Bull. Soc. Philom., n° 20.

Id. Hist. Crust. et Ins., t. 13, p. 45.

Serville et Lepelletier Saint-Fargeau, Encycl. Méth., t. 10, 1825, p. 268.

Duméril, Entom. Analyt., t. II, p. 767, 1860.

Schummel, Versuch einer genauen beschreib der in Schlesien einheim, art. d. gatt *Raphidia* Linn. Breslau, 1832.

Percheron, Mémoire sur les Raphidies, Magas. de Zool. de Guérin-Méneville, 1833, t. V, 3ᵉ année, vol. 2 de cette année, classe IX, pl. 66.

Stephens, A Systematic Catalogue of British Insects. London, 1829, p. 314.

Id. Illustrations of Entomology. London, 1835, p. 130.

Waterhouse, Transact. of the Entom. Soc. of London, t. I, p. 26, pl. 3., 1836, 1ʳᵉ série.

Guérin-Méneville, Iconogr. du Règne animal, texte, p. 392.

Friedrich Stein, Arch. für Naturg. Wiegmann. Sur les *Raphidia* et autres Névroptères. Berlin, 1838, p. 316, pl. VII.

Burmeister, Handbuch der Entomologie, t. II, p. 960. Berlin.

Rambur, Hist. Natur. des Ins. Névroptères. Roret, Suites à Buffon. Paris, 1842, p. 435.

E. Blanchard, Histoire naturelle des Insectes. Paris, Duménil, 1840, t. III, p. 72.

Id. Histoire des Insectes. Paris, Firmin Didot, 1845, t. II, p. 310.

NOTE

SUR LA

Chaleur considérable de larves de la GALLERIA CERELLA

(LÉPIDOPTÈRES CHALINOPTÈRES, CRAMBIDES),

Par M. Maurice GIRARD.

(Séance du 12 Octobre 1864.)

Les entomologistes connaissent, par les observations de Réaumur, Huber, Newport, la chaleur considérable qui se dégage de l'accumulation de certains insectes, comme les Abeilles, les Bourdons, les Guêpes, les Fourmis, au moment de leur activité. Ces animaux sont alors, en grande partie au moins, à l'état adulte, c'est-à-dire avec l'appareil respiratoire dans toute sa perfection, et sous l'influence de cette énergique combustion musculaire qui accompagne la fonction du vol.

Il ne faudrait cependant pas croire que les larves soient dépourvues de cette même faculté de produire de la chaleur. J'ai déjà mentionné (*Cosmos*, septembre 1862, p. 301, t. 21) l'élévation notable de température des larves de Diptères dites *asticots*; mais le fait de même ordre que je signale aujourd'hui paraîtra véritablement remarquable par la grandeur du phénomène thermique. Des gâteaux d'Abeilles contenant des œufs de la *Galleria cerella* n'ont pas tardé à se remplir de larves, dont l'accroissement est très rapide et la voracité extrême. Voici les résultats observés en centigrades, avec augmentation très forte à mesure que les larves grossissaient :

7 octobre 1864.

Température extérieure . . . . 12°,0
Id. dans les gâteaux remplis de larves . . . 24°,0

Différence, 12°0.

8 octobre.

Température extérieure. . . . . 11°,4
Id.   intérieure. . . . . 35°,6

Différence, 24°,2.

9 octobre.

Température extérieure. . . . . 11°,8
Id.   des gâteaux. . . . . 39°,2

Différence, 27°,4.

11 octobre.

Température extérieure . . . . 13°,0
Id.   des gâteaux. . . . . 36°,9

Différence, 23°,9

12 octobre.

Température extérieure. . . . . 14°,0
Id.   des gâteaux . . . . 38°,4

Différence, 24°,4.

Les larves sont nourries avec d'abondantes doses de cire fragmentée. Il me paraît probable que le frottement actif et réitéré de ces petits animaux contribue pour une certaine part à ces excès si considérables de température et très sensibles à la main. La nature chimique de la cire, substance sans azote, la parfaite vitalité des larves, l'absence de toute odeur ammoniacale, font voir que des phénomènes de fermentation putride ne peuvent pas être invoqués ici. Si, d'autre part, on considère la grande combustibilité de l'aliment, on est frappé de la preuve manifeste que cette observation apporte à la théorie de Lavoisier, que la chaleur animale résulte seulement de la combustion respiratoire, disséminée dans tous les tissus, théorie, au reste, généralement admise aujourd'hui, et pouvant rendre compte de tous les faits de chaleur animale. C'est l'opinion soutenue par un des membres les plus éminents de notre Société, M. Milne-Edwards (Leçons de physiol. et d'anat., t. VIII, 1863, p. 84 et 90).

NOTE

SUR LES

Femelles aptères du genre **HIBERNIA**

(LÉPIDOPTÈRES CHALINOPTÈRES, PHALÉNIDES)

Par M. MAURICE GIRARD.

(Séance du 14 Décembre 1864.)

Tous les entomologistes connaissent l'effet des feux sur les insectes crépusculaires, surtout sur les Lépidoptères, attirés souvent à de grandes distances; c'est même là un moyen préconisé par certains auteurs pour détruire les espèces nuisibles, ainsi la Pyrale de la vigne (*OEnopthyra pilleriana*); c'est en même temps un procédé de chasse très-connu. Depuis quelques années l'administration municipale semble avoir voulu procurer aux entomologistes parisiens le plaisir de la chasse aux lanternes, en éclairant au gaz certaines parties de l'ancien bois de Boulogne qui n'ont pas été remaniées de fond en comble, au grand dommage de l'entomologie; ainsi, par exemple, la route conduisant d'Auteuil à Boulogne. Les amateurs savent très-bien profiter de cette occasion pour leurs récoltes.

A ce propos, mon attention a été appelée sur un fait curieux par les observations de M. Caroff, confirmées par celles de M. Fallou et d'autres personnes et aussi par les miennes à diverses reprises. Aux époques où éclosent les adultes du genre *Hibernia*, on trouve toute la journée sur les candélabres des becs de gaz des femelles aptères de diverses espèces et en grand nombre, en même temps que des mâles. Certaines de ces femelles sont encore fixées au vitrage, la plupart sont retombées: elles manquent ou sont en très-petit nombre sur les autres supports environnants; le spectacle est surtout singulier à l'entrée de la nuit, lorsque le gaz vient d'être allumé. Ces femelles courent en tous sens avec rapidité sur les carreaux de la lanterne; les mâles courent également ou volent à côté, sans s'occuper des femelles, ce qui semble supposer l'accouplement déjà accompli.

C'est ainsi que cette année (1864), à la fin de novembre et jusqu'au milieu de décembre, j'ai pu recueillir, outre les mâles, les femelles aptères des *Hibernia* (*Cheimatobia* Steph.) *brumata*, peut-être de *boreata* et de *bajaria*, sans parler des mâles des espèces *aurantiaria* et *defoliaria*.

M. Fallou a trouvé, en février et au commencement de mars, de la même manière, les familles aptères des *Hibernia leucophæaria* et *æscularia* (*Anisopteryx* Steph.). M. Caroff a pris, attachées aux lanternes à gaz, *Hibernia pilosaria*, *Nyssia hispidaria*, qui tend à devenir de plus en plus rare aux environs de Paris, et *Amphidasis prodromaria*.

Or, comment ces femelles privées d'ailes peuvent-elles se trouver ainsi placées? On comprend très-bien leur présence sur les troncs des arbres où l'instinct de la ponte peut les pousser à monter, mais non sur des réverbères assez distants des taillis où elles sortent de terre et gisent sur les feuilles sèches. Si l'on considère d'autre part, et cette observation déjà ancienne est consignée dans les bulletins de notre Société, que les mâles des Lépidoptères nocturnes semblent seuls attirés par les lumières par je ne sais quelle dépendance de la fonction génitale, que les femelles ailées ne paraissent pas obéir au même instinct, il est peu probable que les femelles aptères dérogent à cette loi et surmontent encore pour cela les difficultés d'une locomotion beaucoup plus pénible.

Le moyen le plus simple d'expliquer le fait que je viens d'exposer, c'est d'admettre que les mâles ailés emportent dans leur vol les femelles accouplées et les laissent tomber, l'acte fini, partout où ils se transportent. On sait que Linnæus (1) affirme positivement le fait pour la femelle aptère de l'*Orgya antiqua* (Bombycides); seulement, il n'a jamais été constaté depuis *de visu*, du moins à ma connaissance, et même certains auteurs l'ont nié, en raison du poids de la femelle aptère comparé à son petit mâle. La différence est notablement moins forte pour les Hibernies.

Je dois dire toutefois que l'observation directe du mâle des *Hibernia* volant et portant sa femelle *in copulâ* manque encore; M. Caroff, notam-

<hr>

(1) Voici les citations linnéennes :

Caroli Linnæi entomologia — curante Carolo de Villers. Lugduni, 1789, t. II, p. 163, n° 88 : *Bombyx antiqua*. Habitat in pruno, tilia, cratægo, alno; mas fœminam apteram, copula connexam, ex arbore in arborem defert.

C. Linnæus, Syst. Nat. ed. decima tertia, cura F. Gmelin, Lugduni, 1789, Delamollière, Insecta, t. I, pars V, p. 2439, n° 56. — *Phalæna Bombyx antiqua*. Habitat, etc....; marc feminam copula nexam ex arbore in arborem portante.

ment, n'a pas encore constaté ce fait, malgré plusieurs courses nocturnes près des réverbères entreprises dans ce seul but. M. Fallou a récolté cette année des chenilles de *brumata* pour tâcher de vérifier le même fait. Il a vu que, le soir, les deux sexes courent avec la plus grande vivacité, les mâles les ailes relevées, les femelles très-agiles, comme des Carabiques, et montrent une aptitude à la locomotion bien plus grande qu'on ne pourrait le penser en les voyant engourdies à toutes les autres époques; mais il n'a pu voir aucun accouplement.

Ces petites femelles aptères sont très-grimpeuses et tendent à se placer ainsi bien à découvert, pour être vues plus facilement par les mâles. On en trouve souvent sur les murs des maisons de campagne et sous les chaperons. Auraient-elles l'instinct de monter après les réverbères pour trouver les mâles qu'elles sauraient devoir se porter aux lumières? Un entomologiste de Versailles, M. Delorme, dit avoir souvent observé des femelles d'*Hibernia brumata* accouplées, le mâle à l'opposé, le plus souvent renversé, la femelle droite ; que toujours quand on les dérange ils se séparent, aucun n'entraînant l'autre. C'est encore là une observation négative qui ne décide pas la question ; il faut laisser ces insectes entièrement livrés à eux-mêmes.

Voici donc exposé le pour et le contre de la question; en soumettant à la Société cette note, mon but principal est d'appeler l'attention sur ce point, en espérant un observateur plus heureux. Peut-être les amateurs anglais qui chassent beaucoup aux lanternes à gaz dans leurs parcs ont-ils vérifié l'observation de Linnæus.

Cette question, qui peut sembler puérile à bien des gens, a beaucoup plus d'importance qu'ils ne pensent, comme cela arrive si souvent pour nos minutieuses études entomologiques, dédaignées par les esprits superficiels. Parmi les espèces du genre *Hibernia* il en est deux, *defoliaria* et surtout *brumata*, qui comptent dans les insectes les plus nuisibles à nos vergers, et qui ravagent surtout les pommiers, les poiriers, les cerisiers. Bruand d'Uzelle (1) recommande, pour empêcher les femelles aptères de monter aux arbres et faire manquer les pontes, de garnir le bas du tronc de ceux-ci d'un cercle de goudron mou ou de glu. Cette opération se pratique souvent dans les vergers des environs de Paris et, paraît-il, à contre-saison, au printemps, ce qui est à peu près illusoire. En effet, on arrête bien ainsi quelques chenilles qui descendent le long de l'arbre

(1) Bruand d'Uzelle, Monographie des Lépidoptères nuisibles. Besançon, extrait des Mémoires de la Société d'Émulation du Doubs, séance du 13 janvier 1855, 6e livraison, p. 3.

pour se chrysalider en terre, et M. Fallou en a observé des exemples ;
mais quiconque connaît les mœurs des chenilles des Phalénides sait que,
la plupart du temps, elles prennent le plus court chemin et se laissent
tomber sur le sol au bout d'un fil de soie. Si, d'autre part, on parvient à
constater définitivement, ce qui me semble l'explication assez probable
du fait qui est l'objet de cette note, que les mâles peuvent emporter sur
les arbres des femelles accouplées, les cercles de goudron deviendront
bien peu efficaces, en n'importe quelle saison, et le cultivateur de fruits
n'aura d'autre ressource contre les Hibernies dévastatrices que de suivre
les conseils de M. Goureau (1) et d'effeuiller au printemps les paquets de
feuilles où sont rassemblées les jeunes chenilles, opération sûre mais
pénible.

Il est encore préférable, comme le recommande aussi notre collègue,
d'écraser les femelles aptères ; mais elles sont bien difficiles à voir. Le
meilleur moyen, un peu coûteux comme main-d'œuvre, est d'étaler des
draps à la fin de l'automne sous les arbres fruitiers dépouillés de leurs
feuilles, de gauler l'arbre, ou du moins, pour épargner les bourgeons, de
frapper les grosses branches avec une mailloche. Les femelles aptères
tombent sur les linges, et on les rassemble facilement pour les mettre
à mort.

La destruction des chenilles amène malheureusement aussi celle des
parasites qui, par un balancement harmonique, arrêtent d'une manière
efficace les ravages des espèces dévastatrices pour plusieurs années. C'est
ainsi que M. Goureau signale, pour une des espèces qui nous occupent,
l'*Hibernia brumata*, les parasites suivants : *Microgaster sessilis* (Hyménoptères), *Masicera flavicans* (Diptères) et une Filaire (Helminthes néma-
toïdes) se développant dans la chenille.

Je m'estimerai heureux si je puis provoquer, par cette note, une observation directe, seule preuve sans réplique. Nous ne devons pas oublier
que notre Société entomologique n'a pas seulement à remplir une mission
de science pure, mais qu'elle doit en outre s'attacher à faire concourir
es travaux de ses membres à l'intérêt général, et un grand nombre
répondent tous les jours à cette juste et noble exigence.

(1) Goureau, Insectes nuisibles. Paris, Victor Masson, 1862, p. 101.

RÉSUMÉ DE LA DISCUSSION

A PROPOS DE LA NOTE DE M. GIRARD SUR LES FEMELLES APTÈRES

DES **HIBERNIA**.

M. Laboulbène, au sujet de la communication de M. Girard, demande la parole pour faire remarquer l'intérêt qui s'attache à cette communication et pour présenter les observations suivantes :

1° Il est très-curieux de voir certaines espèces de Lépidoptères n'éclore que tardivement, en novembre et même en décembre, contrairement aux idées que se font les personnes peu versées en histoire naturelle. Le mâle de l'*Hibernia brumata* vole pendant les froides soirées d'hiver, et par les temps de pluie fine et pénétrante ;

2° Notre collègue ne croit pas, jusqu'à démonstration catégorique, à la translation des femelles aptères du genre *Hibernia*, par les mâles avec lesquels elles s'accouplent. Les faits sur lesquels s'appuie M. Girard sont tous bibliographiques et non point observés rigoureusement. Pour M. Laboulbène, les femelles d'*Hibernia*, qui courent si bien et si vite, grimperaient à la recherche des mâles, sur les appuis des murailles, sur les poteaux des réverbères et autres endroits. Il appelle l'attention sur ce fait que la femelle de l'*Orgya antiqua* est moins active que les femelles des Hibernies et peut avoir besoin du mâle pour son transport ; toutefois, il regarde comme fort contestable l'opinion de Linnœus, en trouvant une disproportion considérable entre les mâles et les femelles aptères ;

3° Enfin M. Laboulbène propose à M. Girard, au sujet de la question du transport des femelles par les mâles après l'accouplement, de la résoudre au moyen de l'examen anatomique au microscope des organes génitaux. Si vous trouvez, dit M. Laboulbène, des spermatozoïdes dans la poche copulatrice des femelles qui courent sur les réverbères, sur les appuis des murailles ou sur les autres endroits, où vous pensez que les mâles les ont apportés, vous avez une preuve de plus à l'appui de votre opinion. Mais si vous n'en trouvez pas, les femelles vierges de toute approche sexuelle sont venues en grimpant et en courant aux endroits où vous les avez prises, afin d'y rencontrer les mâles qui, de leur côté, y sont attirés par la lumière ou par un autre moyen qu'il faut rechercher.

M. Girard adopte complétement cette dernière idée, en indiquant seulement qu'il est fâcheux qu'on n'ait là qu'un caractère négatif, car le caractère positif, plus facile à constater, de la présence des spermatozoïdes, ne prouve rien, les femelles aptères pouvant être fécondées, soit dans leur transport par les mâles, soit, au contraire, contre les becs de gaz, après qu'elles ont grimpé, attirées par l'éclat. Quant à la disproportion entre les mâles et les femelles aptères, il fait remarquer qu'elle est loin d'être aussi grande dans le genre *Hibernia* que dans le genre *Orgya*; qu'on compare surtout les deux sexes de *defoliaria*, on sera bien convaincu que le mâle est assez robuste pour entraîner la femelle dans l'accouplement.

M. Amyot pense que si l'on ne prend pas de femelles ailées, ou en très-petit nombre, dans les chasses à la lanterne, cela tient à ce que ces femelles volent beaucoup moins que les mâles.

M. Girard reconnaît la justesse de cette observation pour les femelles du groupe des Bombycides, parmi les Lépidoptères Chalinoptères ; mais elle est loin de s'appliquer aussi bien aux Noctuélides, aux Phalénides, aux Microlépidoptères, où, sauf quelques exceptions, les femelles volent presque autant que les mâles, à la façon des papillons diurnes.

Les dernières remarques, enfin, tendent à infirmer cette ancienne observation, consignée dans les Bulletins de la Société que, dans les chasses aux lumières, on ne prend que des mâles parmi les espèces à deux sexes ailés, observation d'accord avec les remarques récentes des personnes citées dans la note.

M. Bellier de la Chavignerie dit qu'on capture quelquefois des femelles ailées par ce moyen. M. Goossens se rappelle avoir trouvé, mais rarement, des femelles ailées, en bien moins grand nombre que les mâles, sur les appareils à gaz, notamment celle d'*Amphidasis prodromaria* (*biston* Leach ; *nyssia* Dup.).

M. Aubé cite un fait déjà ancien, dont il fut témoin à l'époque où Paris renfermait bien plus de jardins qu'aujourd'hui. Une femelle d'*Attacus pyri* (Grand Paon de Nuit) entra un soir dans un appartement attirée par la lumière. Elle fut bientôt suivie de nombreux mâles, soit par l'effet des lumières, soit surtout par la présence de la femelle, selon l'habitude si bien constatée pour les mâles des Bombycides. Il demeure certain toutefois que l'on prend bien moins de femelles que de mâles par l'éclat des feux.

NOTE

SUR UNE

DOUBLE ABERRATION

présentée par une femelle de LYCÆNA ADONIS

(Lépidoptères Achalinoptères)

(Pl. 2, fig. 4 et 5.)

Par M. Maurice GIRARD.

(Séance du 25 Janvier 1865.)

Les espèces naturelles conservent par la série des générations un type invariable, avec un grand nombre de différences secondaires; la nature s'éloigne beaucoup, en réalité, dans les changements du type, de la fixité absolue imaginée par certains naturalistes. Il se présente alors deux cas: tantôt une *variété* ou *race* parvient à s'établir dans l'espèce, lorsque les générations successives, sous l'influence des mêmes conditions d'existence, demeurent toujours modifiées de la même manière ; c'est ce qui arrive, par exemple, pour le lion, dans les races diverses de l'Atlas, de l'Afrique australe, du Sénégal, de la Perse; c'est ce que nous montrent de chétifs Lépidoptères, avec la même régularité que le roi des animaux, si nous considérons par exemple dans le genre *Satyrus* les variétés locales du Midi ou des montagnes, *Pirata, Meone, Allionia, Adrasta,* etc. L'étude de ces races constantes et leur découverte ont autant d'importance que celles d'une espèce. Le plus habituellement les variations restent individuelles, ne se transmettent pas régulièrement, et ne forment que des *aberrations*. La nature tend fréquemment, sous l'empire d'une foule de causes, à créer des races ; mais, le plus habituellement, ces causes ne persistant pas, les descendants rentrent dans le type. Certaines aberrations, sans atteindre à la fixité d'une véritable race, sont beaucoup plus communes dans certaines localités que dans d'autres. Ainsi, dans l'île de Java, chaque portée de panthère offre presque toujours, sur quatre petits, un individu atteint de mélanisme; de même l'aberration jaune par albinisme de *Callimorpha hera* paraît très-commune sur nos côtes du nord-ouest de France, autant, peut-être, que le type. Des animaux nous offrent aussi de ces cas où l'aberration, presque entièrement passée à l'état de race, devient bien plus fréquente que le type; ainsi nous voyons dans les couvées de nos serins domestiques, frappés généralement d'albinisme (le jaune est l'albinisme des oiseaux verts), apparaître, de temps à autre, un sujet ou entièrement gris verdâtre ou panaché, retour au type sauvage des îles Canaries, comme si un souvenir de la patrie natale, perçant la nuit des âges, influençait par intermittences la loi mystérieuse de la génération. De même chez les insectes, dans nos races les plus fixes de vers à soie à cocons blancs, on voit reparaître parfois des individus à cocons jaunes, rappelant ainsi, après des siècles de domesticité et à d'immenses distances, un caractère du type sauvage, encore caché, sans doute, dans les forêts de l'intérieur de la Chine.

Il peut arriver, dans ces sortes d'efforts de la nature pour sortir du moule habituel des créations, que le même sujet présente à la fois plusieurs caractères aberrants. C'est ce qui s'offre pour une femelle très-curieuse du *Lycæna Adonis*, dont nous allons donner la description. Cette femelle présente d'abord pour le dessus des ailes, d'une manière presque complète, le genre d'aberration dont Esper et Hübner avaient fait, à tort, une espèce sous le nom de *Ceronus*, ainsi que l'a très-bien reconnu Pierret (1). Sauf auprès des bords, les ailes, au lieu de la couleur d'un brun mat du type femelle, ont la couleur azurée du mâle, et les nervures marquées en noir beaucoup plus que d'habitude. L'iris fauve des ocelles du bord des ailes a entièrement disparu, même aux ailes inférieures, il ne reste que la pupille noire. Au milieu des ailes supérieures le trait noir des femelles à presque disparu, il est réduit à un point. On voit donc que, supérieurement, notre Lépidoptère est bien l'aberration *ceronus*, mais plus modifiée qu'elle ne l'est d'habitude dans les sujets des environs de Paris. En effet, ils présentent bien marqué le trait noir central des ailes supérieures et les ocelles fauves marginaux, et c'est là ce qui a permis à Pierret, qui a signalé le premier cette aberration aux environs de Paris, en la disant fort rare, d'identifier avec le type la prétendue espèce *Ceronus*. Dans les vrais *Ceronus* d'Hübner, du midi de la France et surtout des environs de Bordeaux, les lunules fauves sont plus marquées au bord des ailes supérieures que dans les *Ceronus* des environs de Paris, et le fond du dessous des ailes est d'une teinte plus foncée et plus ardente que dans

(1) Annales de la Société entomologique de France, 1re série, 1833, tome II, p. 119.

les *Adonis* parisiens où ce fond est plus grisâtre. On trouve, du reste, tous les passages du type brun à la couleur bleue des *Ceronus*. Dans la collection de M. Fallou existe une femelle de *L. Adonis*, où l'aile antérieure droite a la couleur bleue des *Ceronus*, les trois autres appartenant au type brun. Comme l'a du reste fait remarquer Pierret, des aberrations analogues se présentent dans d'autres espèces de *Lycæna* à femelles brunes; ainsi, bien plus fréquemment que dans le *L. Adonis*, la femelle du *L. Corydon* prend en dessus la couleur bleue du mâle. De même, on voit des femelles de *L. Alexis* tantôt saupoudrées de bleu à la base de leurs ailes brunes, tantôt même à ailes bleues jusqu'à la bordure d'ocelles.

Ce qui augmente beaucoup l'intérêt de notre aberration, c'est que le dessous des ailes s'éloigne encore plus du type que le dessus. En effet, presque tous les ocelles du type ont disparu et le fond, surtout aux ailes inférieures, a ce ton plus rembruni et plus ardent du type méridional. Les bordures d'ocelles du type subsistent. Aux ailes supérieures manquent tous les ocelles excepté le médian, à iris blanc, cordiforme. Aux ailes inférieures subsiste seul l'ocelle blanc central, subtriangulaire, à pupille noire très-peu marquée, et le trait blanc qui part du milieu de la bordure. En un mot, au-dessous des deux ailes, tous les vrais ocelles subcirculaires manquent. Nous devons donc regarder les ocelles trièdres médians seuls conservés, et que présentent bien des espèces de *Lycæna*, comme caractérisant le genre et d'une plus grande importance que les autres. C'est ainsi que l'étude des aberrations a cet intérêt de déterminer l'ordre d'importance des caractères spécifiques dans les genres réellement naturels en faisant connaître leur fixité relative. La disparition des ocelles s'observe du reste dans beaucoup de Lépidoptères ; ainsi elle est signalée comme très-fréquente dans le genre *Satyrus*, et nous avons étudié, sous ce rapport, les nombreuses variations du *S. Hero* (1). Les genres *Lycæna* et *Polyommatus* sont sujets, moins fréquemment, à la même aberration. On rencontre tous les passages entre le nombre complet des ocelles et une réduction aussi forte que celle que nous venons de décrire. Ainsi, dans la collection de M. Fallou, se trouve un *L. Adonis* mâle où une partie des ocelles du dessous des ailes manquent. La même collection m'a offert, dans le genre voisin, un *P. Gordius* analogue au sujet de ma note par la perte de tous les ocelles moyens du dessous des ailes.

Le sujet affecté de la curieuse et double aberration décrite a été pris par M. Caroff père, dans les premiers jours du mois d'août 1864, au bois de Boulogne, sur les talus des fortifications. Il tranchait immédiatement

(1) Annales de la Société entomologique de France, 4e série, 1862, t II, p. 348.

par l'aspect uniforme du dessous de ses ailes, relevées verticalement au repos, sur l'apparence habituelle des individus de son espèce. Cette aberration est représentée planche 2, fig. 4 et 5.

M. Goossens possède, dans sa collection, exactement la même aberration en dessous pour deux mâles, l'un de *L. Alexis* et l'autre de *L. Adonis*, chez lesquels manquent tous les ocelles, sauf ceux de la bordure et les taches triangulaires médianes.

Dans une lettre intéressante, M. Berce nous communique quelques détails sur les genres d'aberrations qui font le sujet de notre note. Il ne possède dans sa collection aucune aberration mâle du *L. Adonis* et n'en connaît pas ; le dessous ne varie guère que par la grosseur des points noirs et l'intensité de la couleur du fond. Il n'en est pas de même de la femelle. M. Berce possède tous les passages, depuis le brun du type ordinaire jusqu'à la variété de Bordeaux (*Ceronus*). Un individu pris à Fontainebleau en diffère peu. Ceux qui en approchent le plus sont plutôt plus gris que bleus. Il y a peu de variations pour le dessous, si ce n'est pour la couleur du fond qui change du brun foncé, avec les points noirs gros et bien cerclés de blanc, au café clair avec les points plus petits, quelquefois oblitérés ou joints ensemble deux par deux.

Le *L. Corydon* mâle varie peu en dessus, mais en dessous on trouve fréquemment des aberrations plus ou moins remarquables, surtout aux ailes inférieures. Ce sont : 1° aux ailes supérieures, des points très-gros, souvent associés deux à deux, surtout les deux de la base ; 2° des points presque effacés, avec la couleur du fond grise uniforme aux ailes supérieures et inférieures, avec les lunules fauves nulles, les points non cerclés de blanc. Cette aberration, dont M. Berce n'a que des mâles, vient des Pyrénées, et lui paraît faire le passage avec l'aberration *albicans* d'Espagne ; 3° les ailes inférieures brunes, n'ayant qu'une lunule centrale blanche et une tache oblongue de même couleur, allant du centre au bord inférieur de l'aile ; 4° dans les femelles on en trouve (aberr. *syngrapha*) qui sont presques du même bleu que le mâle, avec une bordure brune bien marquée, et des lunules fauves très-prononcées. Le dessous varie comme il est dit précédemment.

M. Berce a une de ces femelles bleues ayant le dessous comme dans le 3°, mais bien plus brune, les points noirs des ailes supérieures très-gros, les ailes inférieures n'ayant que la tache centrale blanche. Au reste, on rencontre fréquemment chez les *Lycæna* des sujets ayant les points noirs réunis, surtout chez *L. Alexis*.

Autres travaux du même auteur :

Péron, naturaliste, voyageur aux Terres australes ; ouvrage couronné par la Société d'émulation de l'Allier et publié sous ses auspices. — Paris, J.-B. Baillière et fils, 1857.

Péron (article sur), Biogr. univ., nouv. édition, Desplaces, éd.

Note sur des Écrevisses rongées par des Cyclades. — Cosmos, 1860, t. 16, p. 90.

Note sur des Mollusques vivant en parasites sur des Écrevisses. — Comptes rendus de l'Acad. des Sciences, t. 49, p. 895, séance du 5 décembre 1859.

Remarques sur l'*Astacus fluviatilis* attaquée par des Cyclades. — Ann. de la Soc. entom. de France, 1859, 3ᵉ série, t. 7, p. 137.

Sur des essais d'acclimatation de la Chèvre thibétaine à duvet. — Bull. de la Soc. imp. zool. d'acclim., 1859, t. 6, p. 585.

Note sur les Écrevisses et sur leur reproduction pour l'usage alimentaire. — Même Bull., 1860, t. 7, p. 187.

Sur le livre de M. Hébert : Du terrain jurassique dans le bassin de Paris. — Moniteur des Cours publics, avril 1857, p. 247.

Sur le cours de paléontologie de M. Bayle, à l'École des Mines : deux articles. — Moniteur des Cours publics, mai 1857, p. 316 et 354.

Note sur les genres Crabe et Platycarcin, et sur le *Cancer fossulatus*, n. sp. — Ann. de la Soc. ent. de France, 1859, 3ᵉ série, t. 7, p. 143.

Action toxique de la benzine sur certains Insectes et sur d'autres animaux, et rigidité qui la suit ; Ann. de la Soc. ent., 1859, t. 7, p. 172. — Note sur l'action de la benzine sur le *Sphinx convolvuli* ; op. cit., 1859, Bull., p. 220. — Note sur l'action de la benzine chez les Libellules et chez les Diptères ; op. cit., 3ᵉ série, t. 8, 1860, Bull., p. 96. — Notes sur l'action toxique de la benzine sur les Insectes ; Cosmos, 1860, t. 16, p. 90, et, 1861, t. 18, p. 8.

Note sur les sécrétions musquées des animaux et particulièrement des Insectes ; Cosmos, 1860, t. 17, p. 280. — Sur les sécrétions musquées chez les Insectes ; Ann. de la Soc. ent. de France, 3ᵉ série, t. 8, 1860, Bull., p. 85. — Sur les sécrétions de matière musquée chez les Insectes ; op. cit., 1861, t. 1, 4ᵉ série, p. 254.

Note sur des Crustacés fossiles, sur la Mygale de Leblond, sur le *Phrynus bassamensis*, n. sp. — Ann. de la Soc. ent. de France, 3ᵉ série, t. 6, 1858, Bull., p. 232.

Sur l'Oseille ravagée par l'*Apion pisi*. — Ann. de la Soc. ent. de France, 3ᵉ série, 1859, t. 7, Bull., p. 121.

Sur les apparitions des *C. hyale* et *edusa*, *V. morio*, *P. cardui*, *A. paphia*, *aglaia*, *adippe*, *L. camilla* et *sybilla* (Lépid.). — Op. cit., 1859, Bull., p. 221.

Sur la vitalité de la *Xylina exoleta* (Lépid.). — Op. cit, 1859, Bull., p. 221.

Note sur une espèce nouvelle du genre *Hemerobius* (*H. trimaculatus*, Névropt.). — Ann. de la Soc. ent. de France, 1859, 3ᵉ série, t. 7, p. 167.

Sur le *Lipeurus baculus* (Anaploure) vivant sur des Pigeons-Paons. — Op. cit., 1859, Bull., p. 140.

Sur le *Ptinus brunneus* (Coléopt.) trouvé dans des nids de Pigeons. — Op. cit., 1859, Bull., p. 120.

Sur la *Coleophora gallipennella* (Microlépidop.) et son fourreau, rencontrés sur le Baguenaudier. — Op. cit., 1859, Bull., p. 141.

Sur l'influence fâcheuse des mauvais temps de l'été de 1860 sur les Abeilles. — Ann. de la Soc. ent. de France, 3ᵉ série, t. 8, 1860, Bull., p. 79. — Cosmos, 1860, t. 17, p. 260.

Sur les ravages causés aux Betteraves, dans les environs de Montevidéo, par l'*Epicauta adspersa* (Coléopt.). — Ann. de la Soc. ent. de France, 3ᵉ série, t. 8, 1860, Bull., p. 73.

Sur l'appareil alaire des Phryganides (Névropt.). — Op. cit., 1860, Bull., p. 110.

Sur des *Gamasus coleoptratorum* trouvés sur un Mulot. — Ann. de la Soc. ent. de France, 1861, 4ᵉ série, t. 1, Bull., p. 8.

Sur des *Gamasus coleoptratrorum* (Arach. Acar.) rencontrés en grand nombre sur un *Bombus lapidarius*. — Ann. de la Soc. ent. de France, 1862, t. 2, 4ᵉ série, Bull., p. 36.

Sur un cas de parthénogénie observé chez l'*Attacus cynthia vera* (Lépid.). — Ann. de la Soc. ent. de France, 1863, t. 3, 4ᵉ série, Bull., p. 35.

Sur les ravages de la *Tortrix viridana* (Microlépid.). — Op. cit., 1863, Bull., p. 32.

Sur les éducations de l'*Attacus Yama-Maï* (Lépid.) au Jardin d'acclimatation du Bois de Boulogne. —Op. cit., 1863, Bull., p. 27, 34, 37 (Girard et J. Pinçon).

Sur la *Metrocampa margaritata* (Lépid.) de seconde éclosion. — Op. cit., 1863, Bull., p. 53.

Sur les ravages de diverses chenilles aux environs de Paris. — Ann. de la Soc. ent. de France, 1864, 4ᵉ série, t. 4, Bull., p. 25.

Sur la *Chelonia caja* (Lépid.) et sur des Orthoptères. — Op. cit., 1864, Bull., p. 35.

Sur une éclosion anormale d'*Orgya antiqua* (Lépid.). — Op. cit., 1864, Bull., p. 50.

Sur la nécessité des croisements pour la reproduction des Insectes captifs. — Ann. de la Soc. ent. de France, 4ᵉ série, t. 5, 1865, Bull., p. 5.

Sur une éclosion en hiver du *Macroglossa stellatarum* (Lépid.). — Op. cit., même page.

Sur les éducations hibernales du *Bombyx rubi* (Lépid.); sur la *Psyche calvella* (Lépid.); sur un Hyménoptère sonore ; sur la *Tortrix viridana* (Microlépid.) — Op. cit., 1865, Bull., p. 23, 24.

Sur la larve de *Raphidia ophiopsis* (Névropt.). — Op. cit., Bull., 1865, p. 30.

Sur des éclosions avec réduction de taille de *Vanessa urticæ* (Lépid.). — Op. cit., Bull., 1865, p. 36.

Note sur une variété de l'*Acherontia atropos* (Lépid.); sur la *Pyrameis atalanta* (Lépid.). — Op. cit., 1865, Bull., p. 49 et 50.

Sur l'intelligence et l'instinct des Hyménoptères ; sur une aberration de passage du *Lycæna corydon* (Lépid.). — Op. cit., 1865, Bull., 4ᵉ trim.

Note sur la chaleur propre des Insectes. — Comptes rendus de l'Acad. des Sc., 1862, t. 55, p. 290.

Note sur la chaleur dégagée par les Lépidoptères. — Cosmos, 1862, t. 21, p. 190.

Physique appliquée à l'Histoire naturelle. Des méthodes expérimentales pouvant servir à rechercher la chaleur propre des animaux articulés, et spécialement des Insectes. — Cosmos, 1862, t. 21, p. 199, 227, 254, 315 et 339.

Sur le *Sericaria mori* (Ver à soie). Conférence au Jardin d'Acclimatation. — Bulletin de la Société d'Acclim., 1862, t. 9, p. 903 et 1050.

Les auxiliaires du Ver à soie. Conférence. — Bull. de la Soc. d'Accl., 1864, 2ᵉ série, t. 1, p. 229, 308, 383 et 444. — En brochure, chez J.-B. Baillière et fils, avec Index des documents à consulter. Paris, 1864.

Les métamorphoses des Insectes. — Paris, 1866, Hachette et Cⁱᵉ.

Divers articles dans le Dictionnaire général des Sciences. — Paris, Delagrave, Masson et Garnier, éditeurs.

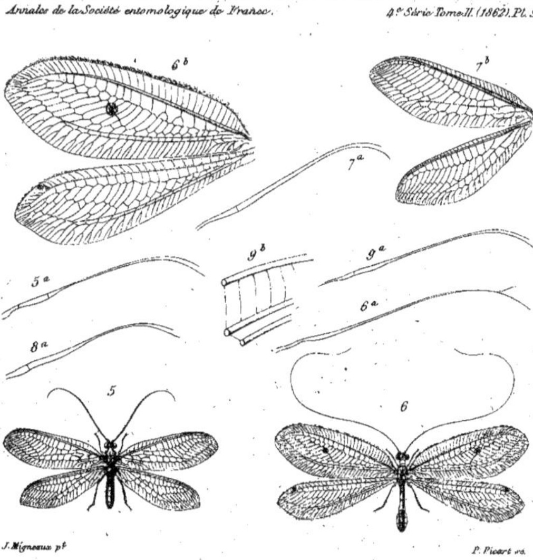

5. *Hemerobius Chloromelas.*   7. *Hemerobius Prasinus.*
6.   ”   *Stigma*   8.   ”   *Chrysops.*
9. *Hemerobius Albus.*

1

2

3

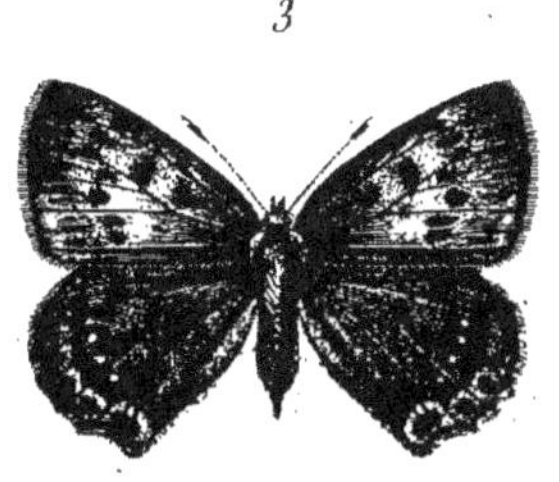

4ᵃ

4ᵇ

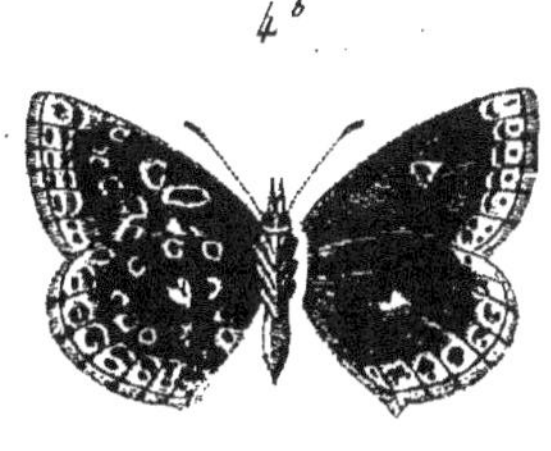

J. Hüet pinx.   *Corbié sculp.*

1. *Caradrina variabilis.* Bellier.
2. *Setina Anderreggii.* Var. *Riffelensis.*
3. *Polyommatus Virgaureæ.* Var. *Zermattensis.*
4. *Lycœna Adonis.*
   double aberration: type et aberration.
   4ᵃ dessus. 4ᵇ dessous.